食料危機の経済学

虚構性と高度消費社会

神門善久 著

ミネルヴァ書房

食料危機の経済学——虚構性と高度消費社会

目次

序　悪魔の二者択一——エネルギー危機か？「生ける屍」か？

産業革命は人類史の一大イベントだ。それは一八世紀後半から一九世紀初頭に英国で生起した。産業革命以降、驚異的な速度で人口が増加し始めた。しかも、それをはるかに上回る速度で食料生産もGDPも増え続けてきた。

「増え続ける人口に食料生産が追いつかなくなって飢餓や戦争が起こる」というマルサスが初版の『人口論』で一七九八年に著した主張は、今日に至るまで何度も繰り返し、ブームのように人々の注目をあびて、「食料危機が近い」という議論がされる。しかし、この二〇〇年以上の間、マルサスの主張は外れ続けている。「地球がひとつしかないのだから、人口が増えすぎれば限界が来るはず」という直截的な議論は、情緒には訴えるが、現実の数値の動きにはまったく整合しない。

現実の数値を無視して議論が盛り上がるというのは、実は研究者も同じだった。マーシャルが『経済学原理』を著す一八九〇年まで、マルサスの議論が主流派を続けていた。危機を訴えるほうが、人目をひきやすいという事情が研究者にあったのではないかと思われる。研究者が真実への追究心を欠き、聴衆や読者の歓心を買うことを優先しがちなことを、本書では繰り返し指摘する。

マーシャル以降は、分業の利益や生産技術の向上によってGDPの増大、すなわち、経済成長は続くものだという認識が定着した。GDPが今後も人口をしのぐ速度で増大することが正常な状態というのが標準的な考え方になって今日にいたっている（ただし、食料生産については、人口増加をはるかに上回る速度で増産されているという実態を無視して、マルサス的な論調が今日の研究者の間でも根強いが、これは虚構の危機論がしばしば人々に現状逃避的な愉悦を与えるからだろう。この現状逃避の愉悦のメカニズムについても、本書では随所で解説する）。

本書は、分業の利益や生産技術の向上を重視するというマーシャル以降の主流派の見方に猜疑の目を向ける。本書の肝は、分業の利益や生産技術の向上ではなく、石炭や石油に代表される化石資源に依存することで、食料やGDPが増えてきただけではないかという見方を提示することだ。①分業の進行は産業革命前に始まっていた、②GDPの急増が始まったのは産業革命が終わった一九三〇年で、石炭を大量消費する体制が確立した時期と重なる、③産業革命後の新技術は化石資源を活用するという方向のものだ、の三つを整合的に説明できることが、本書が化石資源依存に注目する理由だ。さらに、一九世紀後半における英国から米国への覇権の移行も、石炭から石油へという化石資源内での主役交代の効果ではないかという見方も本書では提示する。

食料生産の驚異的な増加も、まさに化石資源の活用だ。見落とされがちだが、農業生産の増大のためには運搬と貯蔵の向上が必要条件だ（さもなくば、いくら作っても食べられずに放置され、腐っていくだけだ）。運搬も貯蔵も、今日では化石資源に全面依存している。かりに狭い意味での農業生産に注目するにしても、農薬、化学肥料、農業機械、灌排水設備の発達のおかげで増産を実現したが、これらは化石資源に全面依存している。衛生（安全な水を含む）、医療といった、食料よりもはるかに生命への直結度が高いものも化石資源に全面依存だ。

世界の石油消費量は一貫して増加傾向にあり、近いうちに年間五〇億トン（琵琶湖の貯水量の約二割）を超える見込みだ。化石資源は何億年という時間をかけて地球の自然が造りだしたものだ。それを一瞬で使うというのは、現代人の傲慢だ。化石資源の利用について目下はCO_2排出規制ばかりが強調される傾向があるが、化石資源の採掘だけでも自然環境を大々的に破壊する。化石資源の枯渇と自然環境の破壊という負の財産を、現世代は将来世代におしつけているのだ。

なぜ、このようなことになっているのか？　消費欲求の暴走という「消費中毒」というべき病に人々は陥っているというのが本書の見解だ。消費すればするほどますます消費をしたくなる。その一方、本来人類がもっていたはずの自然とのコミュニケーション能力を失い、さらには人間同士（生前の世代や死後の世代を含む）とのコミュニケーション能力を失っていったのではないか。そのため、将来世代を犠牲にしたり、先代の労をないがしろにしたり、自然環境を破壊したりすることについて、抵抗がなくなってしまったのではないか。

古い文明（建造物、暦、食品加工法など）について、「科学が進歩してなかったのになぜこんなことができたのか？」というふうに現代人は頭をひねる。このクイズに対して、本書は大胆な回答を準備する。すなわち、消費中毒にかかる前（あるいは悪化する前）の人々は、自然とのコミュニケーション能力があって、自然から教わっていたというのが本書の回答だ。

本書では、食料危機は的外れなことと、化石資源危機は確実に迫っていることを繰り返し指摘する。化石資源が枯渇すれば、食料に限らず、すべての経済活動が停止する。化石資源に代わって風力発電・太陽光発電などのいわゆる自然エネルギーを使えばよいという異論もあろうが、自然エネルギーがどれほどのものかはいたって不確かだし、そもそも、それらもレアメタルなどの地下資源依存で、使えば使うほど枯渇に向かう。自然エネルギーで発電したところで、送配電・蓄電のための設備も地下資源依存だ。核融合などの夢のような新エネルギー源が実現しないかぎり、エネルギー不足という人類の危機から免れられない。

産業革命以降の繁栄が地下資源依存にすぎないという議論は、リグリィなどの少数派の研究者からこれまでも提示されることはあった。しかし、学界からも一般大衆からも、そういう見方は好意的には受け取られてこなかった。地下資源依存を認めてしまえば、いまの生活が罪悪感に包まれてしまうからだ。地下資源依存で実現している利便性の高い生活を、人々は手放したくないのだ。「不愉快な真実」から目をそらしたいというのが人情だ。いわば逃避行として、偽りの「食料危機説」に熱狂する。それを大多数の研究者が助長する。

消費中毒のもうひとつの怖さは、人々が消費に専念しようとして、生産や思考を全面的に放棄する可能性があることだ。ＡＩの発達はその現れではないか。

しばしば、「ＡＩが人間社会をどう変えるか」が議論される。本書では逆に「なぜ人間社会はＡＩを生み出したか」を問う。自転車の開発から自動車の開発まで七〇年しか時間差がなかったことからわかるように、願望がしばしば技術を作り出す。その類推として、消費中毒の進行によって、生産や思考を人々はやめたがるようになり、それがＡＩを生み出したのではないかというのが本書の見方だ。そうだとすれば、ＡＩの開発が今後どのように進むにせよ、最終的には生産も思考もしないで消費のみで生涯を送るような社会が、近い将来に実現されてしまうだろう。

かりに核融合のような夢の新エネルギー源が実現し、またＡＩとロボットが生産や思考を全面的に担うようになったとしよう。その場合、ベーシックインカムを受け取りながら、無人生産された商品・サービスを消費し続けるだけの状態になる。ある意味では桃源郷かもしれないが、何のために生きているのかを自問自答さえしなくなり、人間が「生ける屍」になるのではないか？　その状態はエネルギー危機よりもはるかに不幸ではないか。

このような状況から抜け出す方策として、本書では、農業と教育に注目する。農業について「食料生産のための大切な産業」という表現がしばしばされる。いかにも農業をサポートするかのように響くかもしれないが、実はこの表現こそが農業を台無しにしかねない。衣食住のうち、食以外における農業の役割を捨象しているからだ。

衣と住については、安くて便利な合成繊維やプラスティックのような工業製品が開発されたのであっさりと農業の撤退を認めた。ということは、かりに生命工学、AI、ロボットの技術が進歩して、安価で便利に食料が工場生産されるようになれば、農業をやめるべきということになる。それでよいのか?

本書が提唱する農業の新たな定義は「作物や家畜から生きる術を学ぶこと」だ。人間も地球環境の住人であり、ほかの生物との間に状況によってさまざまな相互関係を持つ。家畜や作物に対して、人間はあるときは保護を与え、あるときはあえて負荷を与え、あるときは食べるなどのために殺す。どういうときにどういう関係を持つべきなのかを探ることを農業と定義するのだ。農業と教育の融合といってもよい。

泥んこ遊び、川遊び、昆虫採集、など、自然の中での遊びの環境づくりを最優先するべきではないか。読み書きそろばんは必要だろうが、それは最低限のレベルでよい。野外で動植物を育てたり捕獲したりすることによって、衣食住の糧にするというものだ。そういう中で、自然とのコミュニケーション、人間同士のコミュニケーションを取り戻すのだ。それは脱化石資源の生き方を探ることでもあるし、過度の消費を抑えることにもつながる。

学校教育が人間の価値観・行動様式を変え、工業化によるアジアの経済成長のベースづくりになったことを長期統計の積み上げで明らかにするという作業を、私自身が、長年にわたって手掛けてきた（神門［2003］、神門［2017a］、神門［2017b］）。そこでは、学校教育の効果が社会に浸透するまでにかなり長い時間差があることを示した（この時間差は、「神門パラドックス」と表現されることもある）。

化石資源依存で経済成長をするという路線を敷いたのが教育であるならば、そこから離脱するのも教育ではないか。ＡＩが人間の知能を二〇四五年に追い抜くといわれている。「生ける屍」の危機は間近だ。もちろん、化石資源の危機の可能性も、一日ごとに大きくなっていく。エネルギー危機か「生ける屍」かという二つのディストピアを回避するために、農業と教育の融合という一大社会改革に早急に踏み出すべきではないか。これが未来に向けての本書の最終発議だ。

第Ⅰ部　偽りの危機と真の危機

人々はおうおうにして、虚栄心や臆病心にかられて、真の問題から目をそむけ、架空の問題に議論をすりかえる。食料が世界的規模で不足するかもしれないという虚構の議論が流行るのはまさにそのメカニズムだ。世界の食料の絶対量はありあまっている。農業の化石資源依存と先進国の穀物の作りすぎこそが解消されるべき核心的問題だ。

第1章　虚構の食料危機

世界人口がこれからも増え続けているとして、世界的な食料不足の可能性が高まっていくという論調は、マスコミ（研究者を含む）が食料事情を解説するときの「定番中の定番」だ。そして、自国の食料生産量を増やし、食料自給率を上げることが必要という政策提言が続くことが多い。だが、長期統計を見れば食料の絶対量はありあまっていてしかもその傾向は弱まる気配がないことがわかる。本章では、食料危機論の虚構性を指摘し、その背後にある先進国の傲慢を描く。

1　穀物価格の推移

シカゴは世界最大の穀物市場で、ここの市況が世界の穀物需給を反映する。その推移を見たのが図

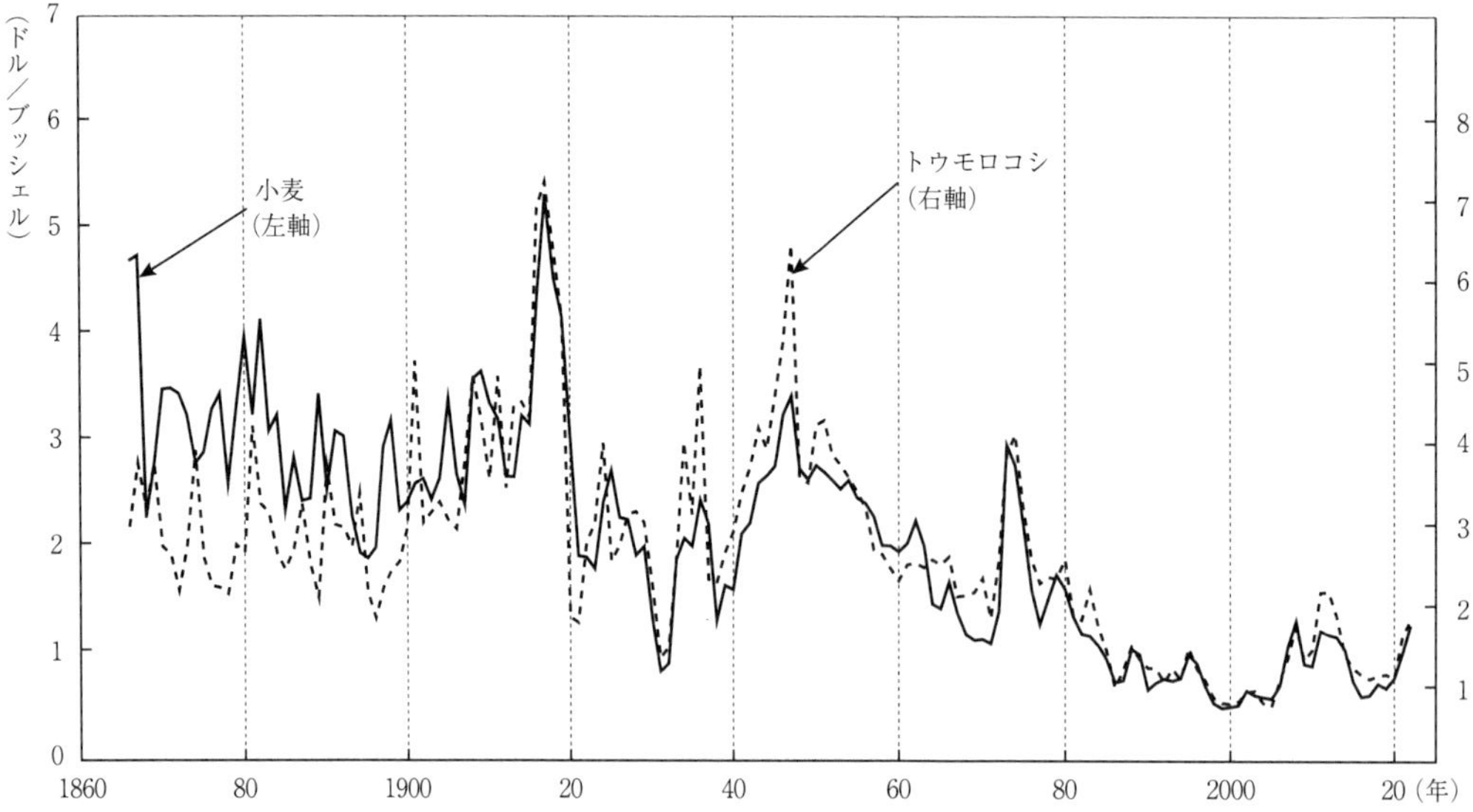

図1　シカゴ市場における小麦とトウモロコシの実質価格の長期変動

注：実質価格は，1982～84年を基準年とする消費者物価指数で実質化している。

出所：Martin, M.V., and Brokken, R.F. (1983), 'The Scarcity Syndrome: Comment', *American Journal of Agricultural Economics*, 65 (Feb.) をもとに USDA National Agricultural *Statistics Service*, Historical Data On Line, 2008, World Bank, *Commodity Markets* (on-line) 2023, International Monetary Fund, *World Economic Outlook Databases*, 2023 で延長。2000年までは Hayami, Y., and Godo, Y (2005), *Development Economics* (3rd edition), Oxford University Press の Table 4-1 と同じ。

１だ。上下振動を繰り返しながらも、第二次世界大戦後、一貫して低下基調にあったことがわかる。とくに人類史上、もっとも人口増加率が高かった一九六〇年代に穀物価格が劇的に下がった。一九九〇年代になってようやく下げ止まるが、決して上昇基調に転じたわけではない。つまり、穀物需要の増加よりも穀物供給の増加が総じて大きかったと結論できる。これは、おなじみの食料危機説にまったく逆行する。

二〇二二年にウクライナ戦争が勃発すると食料危機論がますますにぎやかに喧伝されるようになった。しかし、ウクライナ戦争勃発直後の穀物価格のピーク時でも、前回のピーク時（二〇一一年）のレベルを超えていない。マスコミなどでは、あたかも前例のない食料価格上昇かのように報じられたが、「一〇年ひと昔」の言葉があるように、人々の記憶は一〇年も続かないものだ。たしかに、値上げした食品はあるが、それも円安や人手不足による物流費高騰の影響もあることを忘れてはならない。

穀物の流れ、先進国→途上国

図１の背後を探るためには途上国と先進国の区別が有効だ。一般に途上国というと農業が中心で、外貨獲得のために穀物はじめ農産物を輸出しているというイメージを持たれがちだ。実際、第二次世界大戦前は、おおむねそういう図式が成立していた。当時は、先進国は製造業が繁栄していた。先進国にとって、途上国は工業製品を売りつける対象で、代わりに食料や製造業の原材料になる農産物を

穀物需給　（百万トン）

1999～2001年平均			2010～12年平均		
生　産	消　費	純輸出	生　産	消　費	純輸出
2,060	2,060	0	3,025	3,025	0
637	530	107	681	608	74
12	39	-26	11	36	-25
335	255	80	382	322	60
290	237	53	288	250	39
1,424	1,530	-107	2,344	2,418	-74
484	565	-81	1,133	1,194	-61
939	965	-26	1,211	1,223	-12

の合計。

国は1998年の１人当たり GNI が9,361ドル以上の OECD 加盟国。中所得国は，1998年の
低所得国は1998年の１人当たり GNI が760ドル以下の国）。
の世界の数値は先進国と発展途上国の数値の総和であり，FAO 統計の世界計とは合致

るため，低所得国の純輸出量はその他の国の純輸出量から逆算して求めている。

途上国から輸入した。

ところが、第二次世界大戦後は、事情が一変していることが表1からわかる。一九六〇年時点では、かろうじて途上国から先進国へという穀物の流れだった。しかし、その後は立場が逆転し、二〇〇〇年ごろには、先進国から途上国へと、一億トンを超す穀物が輸出（途上国の立場から見れば輸入）されるようになった。

なぜ、このような現象が起きたのか？先進国、途上国の双方から、また農業者と消費者の双方から、事情をさぐろう。

まず、第二次世界大戦後、途上国の低賃金や環境規制の緩さを誘因として、先進国から途上国へと工場移転が進んだ。つまり、先進国にとって、途上国は工業製品の売り

表１　世界の

	1961～63年平均			1979～81年平均		
	生　産	消　費	純輸出	生　産	消　費	純輸出
世　界	855	855	0	1,511	1,511	0
先進国	283	287	−3	516	476	39
日　本	20	23	−3	14	36	−12
米　国	152	138	14	294	226	68
日本米国以外	111	125	−14	208	214	−17
途上国	572	569	3	996	1,034	−39
中所得国	263	258	5	418	449	−31
低所得国	309	310	−2	577	585	−8

注（1）　穀物は米，小麦，大麦，ライ麦，えんばく，トウモロコシ，ソルガム，ミレット
（2）　消費は，生産量から純輸出量を引いて求めている。
（3）　国の分類は，World Bank, *World Development Indicators,* 2000 に準拠した（先進
1 人当たり GNI が761～9,360ドルの国または9,361ドル以上の OECD 非加盟国。
（4）　データの不備のため，先進国にも発展途上国にも計上しなかった国がある。本表
しない。
（5）　計算に含まれない国の数値および原資料における輸出入データの不突合を調整す
（6）　集計の不突合は，四捨五入のまるめの誤差による。
出所：FAO, *FAOSTAT Database,* 2000, 2004, 2016.

先でも原材料の調達先でもなくなった。

　第二次世界大戦後に先進国で民主主義選挙が浸透したことが、自国農業保護へのアクセルとなった。農業者は同じ場所に長期間居住することが多く、民主主義的な選挙に勝ち続けたいという政治家としては保護するべき有権者だ。しかも、農業は投入資材が比較的少ないうえに自営業の場合が多いため、保護の効果が実感されやすい（通常の企業では、投入資材業界、株主、労働者に利益還元をしなくてはならないので保護の効果が薄まる）。つまり、農業者は政治家にとってとくに重視するべき票田なのだ。

　先進国の農業者は穀物をとくに作りたがる傾向がある。これは、穀物の農作業がマニュアル化しやすいからだ（第五章で詳述

するように、一九世紀以降の資本主義社会では、学校教育の効果もあって労働のマニュアル化が進む）。

第二次世界大戦後、不足払い補助金（市場価格が政策的に設定された下限価格を下回ったときに下限価格との乖離分を支給するという補助金）を導入するなど、欧米の先進国政府は穀物を中心に農業を手厚く保護した。

農業保護は農業者の所得を上げるのはもちろん、増産意欲を高める。問題は、それに見合うだけの需要があるかどうかだ。一般に、先進国では主食用としての穀物の需要は伸びにくい。この原因は先進国の人口増加率が低い（日本のようにすでにマイナスになっている国もある）し、肉体的な重労働が少なくなっていて少しの穀物で満腹になるからだ。

穀物は野菜のように簡単には腐らない。倉庫に保蔵すればかなり長持ちするが、温湿度管理に費用がかかる。そういう穀物の保蔵費用まで政府が補助しようとすれば、国庫負担は歯止めなく膨大になり、さすがに消費者からの賛同も得られにくくなる。

したがって、主食用以外で穀物をさばかなくてはならない。その手段は伝統的に、①家畜の飼料、②加工食品を製造するための原料、③輸出、の三つがある。

一般に人間は動物性タンパク質が好きだ（メイン・ディッシュといえば、だいたい動物性タンパク質の食材だ）。一キロの食肉を生産するために、牛肉で一一キロ、豚肉で七キロ、鶏肉で四キロの穀物が必要となる。それだけ食肉は「効率が悪い」のだが、それだけに穀物の「はけ口」としては魅力的だ。

また、穀物は食用油や菓子などの原料にも使える。飼料用であれ、加工用であれ、主食用ほどには品質が求められない。このため、農業者としては作りやすくなり、さらなる増産を招きうる。

ただし、家畜の飼養頭数も加工食品の製造量もすぐには変化しない。穀物の不良在庫が積みあがってきたときには短時間でさばきたい。そのときの常套手段が輸出だ。もちろん、国際市場で売るためには、他の国よりも安い価格を提示しなければならない。そういう価格競争で確実に勝つために、先進国政府はしばしば輸出補助金を支給する。

一般に、輸出のために補助金を支給するのは、自由競争の原理に背く。工業製品については、第二次世界大戦後すぐから、国際的取り決め（ガットなど）で輸出補助金は厳しく規制されてきた。ところが、農産物に関しては、ながらく輸出補助金がほぼ野放しだった。

食料援助という人道主義を口実にして、先進国が実質的な余剰穀物処理をする場合がある。先進国にとって都合のよい途上国内の特定勢力（政府であったり反政府団体であったりする）に穀物が途上国へ引き渡される場合、割安で受け取る穀物を国内で流通させればその特定勢力は確実に利益を得る。かりにそういう特定勢力への肩入れでないとしても、穀物の援助を受け入れた途上国では、国内の穀物価格が低下し、国内農業者の生産意欲をくじくことになる。つまり、ほんとうの意味での援助になるのかは懐疑するべきだ。

途上国政府は農業保護をする資金力がなく、途上国の農業者は補助金なしで耕作せざるをえないのに対し、先進国の農業者が手厚く先進国政府からの保護を受けているのであれば、フェアな競争になりえない。さらに、先進国の都合（たとえば先進国政府が自国農業をどの程度保護するかは政治の駆け引き次第だ）で輸出量が変わるというのであれば（極端な場合は、先進国で凶作があればダンピング輸出から一転して、お金の力にものをいわせて緊急輸入をするかもしれない）、途上国の消費者にとっても、生活が不安定になる。つまり、途上国にとって穀物援助を受けることによって、かえって攪乱要因が増大する危険性がある。そういう懸念への対処を手当しないまま途上国へ穀物を引き渡すのは無責任だ。

途上国の悲哀

一般的に、小麦、トウモロコシ、米、大豆が四大穀物といわれ、先進国の穀物生産の多くを占める。しかし、アフリカ諸国をはじめとして途上国にはさまざまな種類の伝統的な穀物がある。伝統的な穀物は農業試験場などの近代的な環境のもとでは単収が低い。しかし、伝統的な穀物は肥料や農薬に依存しないし、悪条件でもあまり収量が減らないなど、現地の自然条件に適合した形質を持っている場合が少なくない。また、伝統的な穀物を使った伝統食も各地に存在する。安易な懐古主義は戒められなければならないが、伝統食には今日の科学では解明できない知恵がつまっている場合が多々ある。

先に途上国が先進国の穀物の余剰のはけ口となっていることを見た。これは、途上国の食習慣に質的な変化をもたらす。先進国の仲間入りする以前の日本で、まさにそれが起きていた。日本が敗戦後の困窮にあった一九五〇年、ガリオア資金（占領地に与える援助）で米国の余剰小麦を受け入れたことが急速なパン食の普及につながった。これは単に米の消費を減らしただけではなく、食生活全体の欧米化をもたらし、日本の伝統食の消滅の一因となった。

今日の途上国で顕著なのはファーストフードの急成長だ。ファーストフードでは、パン、食用油、食肉がふんだんに使われるが、いずれも先進国の穀物が原材料ないし飼料として使われている。先進国の穀物農家にとっては「おいしい」展開だ。

現時点では、ファーストフードは途上国では比較的高価だが、途上国の若者の間で人気だ。またファーストフードに限らず、食用油や食肉を多食するのは全世界的な傾向だがその背後には先進国の穀物の作りすぎがあることを忘れてはならない。

国際栄養研究協会のケロッグ国際栄養賞を受賞するなど、食生活に関する国際的な権威のポプキンは、肥満人口が飢餓人口をはるかに凌駕して増え続けていて、しかも肥満人口の割合は途上国でも米国のような豊かな国でもほとんど変わらないことを指摘している（ポプキン［2009］）。肥満は本人の心身の健康を害するばかりではなく、医療費の膨張など社会的にも重い負担になる。

先進国からの穀物流入とそれにともなう食生活の変化の中で途上国の伝統の品種、農法、調理が消失すると、二度と再現できなくなる場合もある。これは、地球温暖化によって天変地異が多発するなか、全世界的な危機対応力を減じることになりかねない。つまり、ほんとうの意味で「持続可能性」

を重視するのであれば、単純に穀物生産量を増やすのはむしろ逆効果で、それよりも伝統食、伝統作物、伝統農法といった、地域の中で長い歴史をかけて先人があみだしてきたものこそを大切にするべきだ。

この点では、国際援助の名の下でおこなわれている近代品種や近代農法を途上国で普及させる活動についても、慎重さが求められる。商工業の場合は、優良な技術は先進国で開発され、それを途上国に移転していくという図式が成り立つ。しかし、農業の場合は、先進国の品種や技術が優れているといえるかどうかは懐疑的になるべきだ。

農業は無料で降り注ぐ太陽光を主要なエネルギー源としている点で、商工業とは異なる。農法や品種を評価する場合にも、金銭的な収支計算だけではなく、太陽光をどれだけ無駄なく活用しているかも勘案するべきだ。残念ながら、太陽光エネルギーに注目した収支計算は確立されてないし、そもそもそういう発想が研究者の間でもあまり見られない。その意味では、現在の農法や品種への評価体系は、歪みがある。

米国vs.欧州

先進国と一口に行っても、広大な国土を持ち、かつて欧州の植民地だった米国と、欧州では事情が異なる。米国は第二次世界大戦前から農業国だったし、表1にみるように一九五〇年の時点でも穀物の純輸出状態だった。それに対し、同じ先進国でも欧州は全体としては長らく穀物の純輸入状態だった。だが、第二次世界大戦後に欧州各国が農業保護を強めた結果、穀物の純輸出状態へと転じる。たとえば、小麦の場合、一九七〇年代後半からは安定的にＥＵの自給率は一〇〇パーセントを上回っている。一九八〇年代後半になると世界の小麦総輸出におけるＥＵのシェアが米国と同水準になった。

一九八〇年代は米国と欧州各国が、余剰穀物を国際市場で売りさばこうとして、競って輸出補助金を支給した。このダンピング合戦で、米国も欧州各国も財政支出がいたずらにふくれあがった。

ガット・ウルグアイ・ラウンド（一九八六～九四年）の農業交渉は、そういう時代背景でおこなわれた。そこでは、輸出補助金や増産を促すような補助金（市場歪曲的補助金と呼ばれる）を規制するための枠組みが合意された。生産量（ないし販売量）が多いほど補助金が多く得られるタイプの保護（先述の不足払いもこのタイプに属する）をあらため、過去の生産実績など当年の生産量（ないし販売量）に無関係に補助金を支給するというなどデカプル型といわれる支給形態が推奨されることになる。ダンピング合戦の挙句の果てとはいえ、米国と欧州各国がそれまで野放しだった農業補助金についてルールづくりをしたというのは、国際政治上の意義が大きい。

だが、ガット・ウルグアイ・ラウンド合意が先進国の穀物の作りすぎに歯止めをかけたと言えるかどうかは疑わしい。なぜならば、この合意の抜け穴を使った補助金支給があとをたたなかったからだ。たとえば、農業の試験研究や環境保護のための財政支出は補助金の規制の対象外だが、実質的には従来の補助金と大差ないものが研究開発や環境保護にこじつけられて支給されるという手口がある（日本もこの手口を使っている）。

とくに重要なのは、バイオ・エタノール原料という新しい穀物への需要が作り出されたことだ。バイオ・エタノール関連の財政支出はガット・ウルグアイ・ラウンドにおける農業補助金改革の合意の対象外なので、規制がほとんどかからない。一九九二年の米国エネルギー政策法制定を皮切りにして、穀物を原料とするバイオ・エタノール生産に補助金が支給されるようになった。農業州を基盤とするジュニア・ブッシュ政権（二〇〇一〜二〇〇九年）で補助金が強化され、その後もCO_2削減の名目でバイオ・エタノールに手厚く補助が続いている。

穀物を原料とするエタノールの生産は、効率が悪く、政府の手厚い補助金なしには、経済的に存立できない。図1で二〇〇〇年代に入って穀物価格が下げ止まっているようにみえても、バイオ・エタノールへの補助金が削減されればいつでも大量に食用穀物が出回るという意味では、食用穀物の潜在的供給超過基調はつづいているとみるべきだ。

いくらバイオ・エタノールへの補助金があるからといっても、穀物価格が上昇すればバイオ・エタノール目的での穀物需要は減る。つまり、バイオ・エタノールという新たな需要ができた（政策的に作り出された）おかげで、価格の変動幅も小幅になることも図1から読みとれる。

日本の変節

第二次世界大戦後、バインダーや耕うん機など、水稲作の省力化技術が次々と開発された。これによって、水稲は農家にとってもっとも作りやすい作物となった。サラリーマン兼業をしながら土日のみに水稲作をするという兼業農家が大勢を占めるようになった。

一九五〇年代から六〇年代にかけて、米は全量を農林水産省が買い上げるという仕組み（「食糧管理制度」と呼ばれる）のもと、米価を高く設定することで、農林水産省は農家所得を支持した（農林水産省の名称は一九七八年七月からでそれ以前は農林省だったが、本書では一九七八年七月以前も含めて農林水産省と表記する）。他方、消費者は飽食と、食生活の洋風化によって、一九六二年をピークとして米への需要を減らしていく。このため、一九六〇年代後半には古米在庫が七〇〇万トン近くまでふくれあがった（一般に古米在庫は一〇〇〜一五〇万トン程度が適切といわれた）。

このような米の生産過剰に対して、欧米のようにダンピング輸出で処分することは難しかった。米の生産費があまりにも高く、輸出補助金を積んでなんとかなるというレベルではなかった。また、当時は海外での米消費の主流がインディカ米という日本ではあまり栽培されていないタイプの米だったことや、日本国内では玄米の形状で米の流通体系が組まれているのに対して、海外では玄米の形状で流通されることは皆無に近いという事情もあった。

そこで、余剰米対策として、いわゆる減反政策を農林水産省は採用した。減反政策とは、ほぼすべての水稲農家を対象に、水稲作付の一律削減を強制するもので、いわば官製カルテルだ。転作奨励金（水稲以外の作物を水田に作付けることで得られる補助金）は支給されたが少額で、個々の農家からすると水稲の作付減を補償するものではなかったが、カルテル効果の大きさゆえに参加した。それにしても全国津々浦々の水稲農家に作付け削減を強いるのは容易なことではない。ほんとうに削減したかを確認するだけでも相当な手間がかかる。減反政策が実行できたのはＪＡという日本独特な農民組織の存在があってこそだ（ＪＡの呼称を使うようになったのは、一九九二年四月からだが、本書ではそれ以前も含めてＪＡと表記する）。ＪＡの正式名称は農業協同組合で、第二次世界大戦中に作られた農業会という統制経済を実行するために全農家が強制的に加入させられた組織を前身とする。協同組合といっても、ほぼすべての農家を地域ごとに組織化し、農産物の出荷や農業資材の調達のみならず、スーパー、金融事業（銀行業務、生命保険業務、火災保険業務）、冠婚葬祭事業など、手広く経済活動をする。また、農業補助金の取り次ぎなど、行政補助機能を果たしてきた。そういうＪＡの協力のもとで、減反政策という「離れわざ」が可能だった。

水稲以外のどの作物についても、水稲作に比べると農作業の機械化が進まなかったため、農家は水稲作への固執が強かった。他方、日本人の食生活が洋風化するにつれて、パンなどの原料となる小麦などの穀物（多くが欧米に原種を持つ品種の穀物）への需要が高まった（日本に在来の小麦や大麦の品種もあるがそれらはパンなどの洋風料理の食材には不向きだ）。この結果、先進国全体の動きには逆行して、表

1にあるように二〇〇〇年ごろまで日本のみは穀物の輸入が増え続けた。

減反政策は農林水産省にとってみると、財政負担を節約しつつ米価維持ができるというメリットがあった。ＪＡとしても、減反政策にすべての水稲農家をまきこむことで、組織力を維持・強化するというメリットがあった。また、米はその穀粒の性質上、製粉や搾油などには向かない（できなくはないが費用が割高になる）。飼料用にするには米は生産費が高いし、豚肉、牛肉の本来の風味をひきあげるという点でも米は飼料として不向きだ（もっとも、食肉の文化が浅い日本では、豚肉、牛肉の本来の風味を嫌う人も多いが）。そういう点でも、減反政策で米の生産過剰を抑えるのは農林水産省やＪＡにとっては「合理的」だった。

しかし、一九九〇年代にはいると、減反政策の継続がだんだん難しくなり始めた。一九九〇年代の選挙制度改革と金融改革の影響でＪＡが政治的にも収益的にも急速に弱体化して水稲農家を束ねきれなくなったからだ（ＪＡは長らく自民党の集票マシーンとして機能してきたし、「護送船団方式」と呼ばれる金融業への保護の中でもＪＡの金融事業にはとくに手厚く保護を受けていた）。ついに、二〇〇四年には減反政策は終了となった。転作奨励金を受けて水稲の作付けを削減するか、転作奨励金を拒否して好きなだけ水稲を作付けするかが、個々の農家の自由選択となった。

なお、転作奨励金が出続けていることから減反政策が二〇〇四年以降も続いたかのように論じて、農林水産省やＪＡを批判するというパターンがしばしばマスコミに登場したが（いまもあるが）、法律のたてつけがまったく変わっているのを看過しており、ミスリーディングと言わざるをえない。

減反政策終了後も米価を維持するためには転作奨励金を増強しなくてはならない。この点で重要なのは、二〇〇九年に始まる新規需要米への助成だ。新規需要米というのは、飼料用、加工用、輸出用といった、国内での主食用以外で出荷される米だ。先述のように、もともと日本の米は飼料用や加工用にはあまり向いていない。しかし、ふんだんに補助金で補塡してもらえるならば、飼料用でも加工用でも、日本の米から作れなくはない。後述するように、このころから消費者や財界が日本農業のために国費を投入することに寛大さを増していた。かくして、新規需要米に大盤ぶるまいで補助金をつぎこむという状態になっていった。

先進国の消費者の自国農業偏愛

先進国政府が自国の農業保護をする場合、消費者に直接的ないし間接的に負担が生じる。たとえば、海外の農産物を輸入する際に関税や数量制限を課すという国境障壁は国内農業保護の常套手段だが、それは安価な海外農産物の流入が妨げられるので消費者に対しては農産物価格上昇という負担を強いる。あるいは、先進国政府が国内農業者に各種の補助金を支給するとき、消費者は納税者として農業保護の費用負担をしている。

したがって、先進国政府が国内農業保護をする場合、消費者からの支持が不可欠だ。幸か不幸か、先進国の消費者は、以下の三つの理由から農業保護に関して寛大になりがちだ。

第一は、先進国の消費者は「食料危機が来る」、「食料自給率引き上げが必要」という二つの妄信にかられる傾向があるからだ（この二つとも妄信であることは、本書で繰り返し指摘するとおりだが）。第二は、農業にノスタルジックなイメージをいだいて、先進国の消費者は自国農業保護に対して情緒的に支持する傾向があるからだ。その情緒の背後には、身の回りの工業製品が新興の途上国産だらけになる中、先進国の消費者が身の回りにもっと自国産のものが増えて欲しいという願望も加わる。第三は、先進国ではすでにエンゲル係数が低下しており、また、素材よりも利便性に先進国の消費者の注意が向かいがちで、農産物そのものの価格に対しては先進国の消費者が鈍感になるからだ。

価格の実質化

図1に戻ろう。価格の長期変動を見るときには、各時点でついている価格を単純に比較してはならない。たとえば明治二〇年ごろには一五〇〇円持っていれば家が一軒買えたが、いまではやかん一個がかろうじて買える程度でしかない。これはけっしてやかんの価値が高まったことを意味しないし、やかんの世界的な生産不足（やかん危機？）を意味してもいない。単に通貨の価値がインフレやデフレの影響で変化するからだ。通貨の価値は消費者物価指数など一般的な物価水準で測ることができる。特定の年の物価水準に換算して個々の商品の価格の推移を見ることを実質化という。図1では、一九

八二年、八三年、八四年の三年間の平均的な物価水準（米ドル）を基準に測っている。

この図を見るにあたっては、一九七一年八月のドルショックの影響にも注意されたい。それまで金一オンスを三五ドルとする固定交換比率を米国が放棄したもので、実質的なドル切り下げだ。これが図1で一九七一〜七二年の穀物価格高騰を大きくした一因だ。実際にはドルショック以前からドルの価値は下がっていたと思われ、それを考えると一九七一年以前の穀物価格（ドル表示）は過小評価されている可能性がある。つまり、第二次世界大戦後ドルショックまでの期間の穀物価格下落基調は、実質的には図1で見るよりも強いはずだ。

一九六〇年代は、世界人口が約二パーセントという人類史上例のない猛スピードで伸びた時期だ。それにもかかわらず穀物価格は下落基調を維持した。つまり、人口増加をはるかに凌駕して穀物は増産を遂げたのだ。

2　ウクライナ戦争に見る食料供給の根強さ

農業に豊凶変動は不可避で、図1に見るように穀物価格は変動が大きい。直近では二〇二二年のウクライナ侵攻で、マスコミはがぜんと食料危機の可能性を論じるようになった。だが、二〇二〇年からすでに穀物価格は上昇基調にあった。この主たる原因は、中国における飼料用穀物の需要増だ。

中国は豚肉生産、豚肉消費、豚肉輸入のすべてにおいて世界随一だ。米国農務省のデータによると、二〇一七年時点で、中国は世界の豚肉生産の五一パーセント、豚肉消費の四九パーセント、豚肉輸入の二六パーセントを占める。豚は雑食で飼いやすいし、年に二回お産をするのでひんぱんにと畜して食肉を得ることができる。豚肉は加工性も高く、中国の豊かな食文化を支えてきた。

長らく、中国では、母豚を少頭飼育し、人間の残飯を給餌するという「庭先養豚」と呼ばれるスタイルが支配的だった。農畜産業振興機構『畜産の情報』二〇一五年八月号によると、中国の養豚業の九五パーセントが庭先養豚（四九頭以下の飼育）だった。

中国の養豚業を一変させたのがアフリカ型豚熱だ。二〇一八年八月三日、中国遼寧省瀋陽市の養豚場において、中国で初めてアフリカ型豚熱の罹患が発見された。日本国内でも豚熱が蔓延しているが、アフリカ型豚熱は豚熱よりもはるかに伝染力が強くまた、罹患すればほぼ一〇〇パーセント死に至る。アフリカ型豚熱に罹患した豚の肉を食しても人間に伝染することはないが、病原となるウイルスは熱に強いため、調理後の豚肉にもウイルスが残存する。このため、残飯給餌の庭先養豚では、アフリカ型豚熱が一気に拡散する。

中国政府はアフリカ型豚熱が発見されたら殺処分し、食肉として流通させてはならないと命じたが、これがどれだけ守られたかは不明だ。殺処分には補助金が支給されたが、その金額があまりにも少ないため、農家からすると元がとれなかったからだ。農家は罹患が疑われる豚をほかの農家に売ったり、

表2　広西壮族自治区の豚ホテル

1フロアの広さ 1フロアの母豚頭数 7階建て 9階建て 母豚頭数 母豚1頭当たり出産頭数 年間出荷(子豚)頭数 給餌システム フロア当たり従業員数	120m×50m　$6000m^2$ 約1000頭 2棟（母豚頭数1万2000～1万4000頭）8万$4000m^2$ 東京ドームの1.8倍 2棟（母豚頭数1万6000～1万8000頭）10万$8000m^2$ 東京ドームの2.3倍 3万頭（日本最大級の養豚場でも母豚2万頭規模） 28頭（大企業の生産効率は相当高い） 80万頭 （2フロアごとに飼料貯蔵施設からパイプで自動給餌される。300トン/日） 5名（フロア間の移動は禁止）
その他	フィルター付きの吸排気システム空調設備がある 各階専用の豚運搬用エレベーターが設置されている 外部からのヒト，車両，物品などは全て検疫される 10階建て管理棟に事務所，宿泊所，食堂，売店などがある

出所：高橋寛氏（フードジャーナリスト）の資料提供，2024年1月。

と畜場（ヤミのと畜場を含む）で食肉にしたりすることが横行していたと思われる。

アフリカ型豚熱は二〇一九年中に中国全土に広がった。飼育豚が罹患していない場合でも、アフリカ型豚熱の蔓延に嫌気がして、飼育している母豚を手放して廃業する農家が相次いだ。廃業が出続く間はと殺に回る豚が増えて、市場の豚肉価格が上がらない（むしろ下がる）が、廃業が行きついて二〇二〇年後半からは中国の豚肉が不足し始めた。

中国人にとって豚肉は不可欠の食材だ。中国政府は養豚の近代化への急転換を進めた。豚ホテルと呼ばれる大掛かりな畜舎を建てて、従業員の外出も規制し、トウモロコシを中心に購入穀物を給餌する大規模で近代的な方式を推進した。豚ホテルの典型例を表2に示す。日本の養豚業者では、飼育頭数の多さでも衛生管理の厳格さでも、中国の豚ホテルに太刀打ちできない。豚ホテルの投資主体は私企業だが、中国政府による強い勧奨があったといわれる（中国の食事では豚肉が不可欠で、豚肉不足に見舞われると庶民の不満がつのって社会的騒乱になりかねない）。豚ホテルの建設が相次ぐようになった二〇二〇年後半、中国国内の飼料用トウモロコシ価格が上昇し、同調してシカゴ市場のトウモロコシ価格も上昇した。これに連動して大豆などの他の穀物価格も上昇した。

中国が庭先養豚に戻ることは想定しがたく、中国の穀物需要増は継続すると思われる。そういうおりにウクライナ戦争が起きた。穀物価格の上昇要因が二つ重なったことになる。だが、図1に見るように、一〇年前の水準を超えていない。つまり、ウクライナ戦争とその前後の穀物価格の推移を観察すると、世界の穀物供給超過基調がいかに根強いかを示している。

3　農業に求められるのは増産ではなく縮小安定

現下の一般的な論調をふりかえると、農業の生産量が多いほど農業の発展とみなす傾向がある。これは農業の本質を見誤った考え方だ。気象変動やらウイルスの流行やら、何が起こるかは人智をはるかに超える。このため、農業ではつねに生育不良のリスクと隣り合わせだ。生育不良の発見が遅れたり、発見できても適切な対処ができなかったりすると凶作に見舞われる。一般に気象条件の悪いときに腕の巧拙が表れやすい。平年作の収量を上げられるかではなく、凶作年の収量減をいかにして防ぐかに、農業の実力が表れる。

個別の農業者にとっても豊凶変動は経営を不安定にする大敵だが、国レベルで豊凶変動が大きくなると、その影響は国境を越える。日本はまがりなりにも経済大国なので、豊作時にはダンピング輸出できるし、凶作時は緊急輸入できる。しかし、それは経済力の乏しい途上国の消費者や農業者を翻弄することになる。途上国の消費者や農業者を困らせても、彼らの声が日本人の耳にはなかなか届かない（たとえ届いたとしても、日本人の多くはあまり気にとめられないのではないか）。だが、途上国の弱者を先進国の人々が軽視していれば、やがて途上国の弱者の間に怨嗟が膨張し、やがて国際テロのような形で、しっぺ返しを受けないとも限らない。そもそも、日本さえよければという狭隘な発想では、人生をつまらなくするのではないか。

いたずらに生産量の増大を追求するのではなく、生産量を減らしてでも安定生産を追求するほうが、国内経済的にも、世界の安寧のためにも意味がある。

第2章　途上国と地下資源の悲哀

今日の先進国の人々は飽食暖衣の生活を享受しているが、それは二つのグループを犠牲にすることで成り立っている。ひとつは将来世代だ。現代人が石油などの地下資源を遠慮なく採取しているが、使えば使うほど、将来世代が利用可能な地下資源が減る。日本でも世界全体でも農業生産さらには食料の加工・運搬・貯蔵において地下資源依存が強まる一方だ。もうひとつは、途上国の経済的弱者だ。国境を絶対視して途上国の問題を先進国の人々から切り離して考えるのが一般化しているが、それは人権尊重とは矛盾する。これらの「耳に痛い議論」に先進国の人々は立ち向かう勇気はなく、この二つの問題から逃避するために虚構の食料危機論に花を咲かせているのではないか。

1　相対的貧困と絶対的貧困

マスコミなどで、よく「貧困問題」がとりあげられる。ここで、あらためて貧困の意味を問いただしておこう。経済学では、貧困を絶対的貧困と相対的貧困の二種類に分ける。前者は、衣食住が劣悪で基本的人権の確保が難しい状態で、他者との比較の問題ではない。他方、後者は、構成員の間での生活水準の格差だ。日本のように高所得国で社会保障が整備されている社会では、絶対的貧困はまれだ。だが、相対的貧困はどんなに飽食暖衣の国でも程度の差こそあれ消滅することはない。

人道上、絶対的貧困はゆゆしき問題だ。だが、政治的にはむしろ相対的貧困ほうが深刻な問題になりやすい。絶対的貧困にある者は反乱や抵抗の余力さえないほどに生活に窮していて、政治力もない。富裕層にとっては絶対的貧困者の存在は、胸が痛むことではあるが、あくまでも「ひとごと」で、自分自身が危険にふりかかるわけではない。他方、絶対的貧困にはないが相対的貧困にある者は、ある程度の所得や教養があるだけに、怨嗟の対象（それは、特定の個人というよりも、富裕層の不特定多数だったり貧富の差を生んでいる社会全体だったりする）に対しては資金と知恵を使って威力の大きい手段で不満を訴える。無差別テロのような暴力的な形になることもありうる。それは富裕層にとっても「ひとごと」ではすまされず、真の脅威だ。

絶対的貧困にある者は食料に欠いている。しかし、これを世界的な食料危機と結びつけるのは論理性を欠く。たとえば、絶対的貧困にある者は衣料や住居や薬剤や医療機器にも不足しているがこれを世界的な衣料危機や住居危機や薬剤危機や医療機器危機と結びつける人はごく少数だろう。何かが不足して困っている人たちがいるからといって、その何かについて地球規模の絶対量が世界的に不足しているかどうかは別問題だ。

絶対的貧困にある者は収入が足りないことが根本的な問題だ。貨幣経済が世界の隅々まで浸透している今日にあって、お金さえあれば、どこにいても、いつでも、必需品を買うことができる。もちろん、戦場など囚われの身にあって、お金が使いようもない場合もあるが、それこそ、政治的対立や人権侵害の所産であって、世界的な食料事情の問題ではない。

日本をはじめとする先進国では絶対的貧困の発生はきわめて限られる。重篤な病気・障がいを抱えているなど働いて収入を得ることができない場合、先進国では絶対的貧困を回避するべく政府が生活保護を支給する。逆に、途上国の場合はそういう社会保障の仕組みが未整備な場合が多い。途上国のとくに貧民街に生まれたら、少々勤勉に働いても、必需品も得られない絶対的貧困に陥りうる。

ここで考えるべきことは、なぜ先進国に生まれたかどうかで絶対的貧困から逃れることができるかどうかが決まることの不条理だ。どこに生まれるかは本人の選択でも責任でもない。それなのに隔絶の運命の違いがあることがゆるされるのか？　許容されがたい国籍による差別ではないか？

肌の色の違いと国籍の違い

われわれは、キング牧師の「アイ・ハヴ・ア・ドリーム」の演説に拍手喝采する。何色の肌に生まれるかは本人の選択でも責任でもない。人種による差別は基本的人権の侵害だ。人種による差別は解消されるべきという考え方に賛意を表し、それを実現するのが社会の責務という見方を大多数が受け入れる。

ところが、国籍による差別が解消されるべきという意見が、先進国の人々から湧き上がることはない。かりに国籍による差別をなくそうとすれば、先進国の人々は、資金的にも精神的にも多大な労苦を負わなくてはならなくなる。たとえば途上国の絶対的貧困者に対して生活資金を給付するためのお金を先進国で準備しなくてはならなくなるかもしれない。先進国で働きたいとか学びたいという途上国の人々を積極的に受け入れなければならなくなるかもしれない。

先進国の教育機関（とくに高等教育機関）に途上国の貧困層の若者が入りやすいようにすることも貧困対策として有効だ。現代の先進国では、途上国で近代的な学校教育を普及するべきという論調が一般的で、途上国での学校建設や学校教員の普及が「善いこと」として語られる。そこでは初等教育や中等教育がイメージされがちだ。しかし、かりに本気で途上国に教育を普及させたいならば、学業が上がれば、先進国での教育機会が無理なく得られるという仕組み（奨学金の優先配分など）を作るべきではないか。先進国と途上国の歴然たる格差がある現状にあって、途上国の低所得層に対して、学業がよければ先進国のよい学校に行くことができる（それは、よりよい就職ができることでもある）となれば、おのずと途上国の人々の向学心が湧くし「基本的人権の尊重」という教育の根本原理とも合致する（基本的人権は国籍を問わずどの個人にも適用されるべきだ）。

米国では、国内での貧困対策として、低所得者の居住地域に特別に高度な教育を施す学校を作るなどの工夫が採用されてきた。その発想を、途上国と先進国の格差解消にも導入するべきだ。

私自身、島根県の片田舎で生まれ、五右衛門ぶろに炭火のこたつというシンプルな生活だった。私は発育が遅くて学業もスポーツも芸術もクラスのどん尻で始まるのだが、卒業するころの学業成績はどん尻を脱していたおかげで、京都で大学生活をし、職場も東京に得て、米国やシンガポールでの長期研究も経験した。私自身は学問の有害性を主張しているが、学校教育のおかげで分不相応な恩恵を受けてきた。ひとえに日本国内に生まれたおかげだが、私自身が日本で生まれる努力をしたわけでもない。かりに途上国の貧民街に生まれていれば、特段の可能性もないままに生涯を貧民街で暮らしていかざるをえなかったろう。先進国で生まれるか途上国で生まれるかという偶然の所産によって、境遇がまったく変わってしまうのは理不尽だ。

国境を越えた移動の自由を認めれば、先進国内でさまざまな問題を生む。すでに先進国内で安定した身分を得ている人々にとっては、「基本的人権」だの「移動の自由」だのの理屈のために（あるいは途上国の人たちのために）、わざわざ、いまの快適な生活を犠牲にしたくないという心境になるのは当然だ。

このように、全世界的な貧富の格差問題を論じようとすると、先進国の人々にとっては不愉快な話になる。他方、「食料の絶対量が不足する」というストーリー（虚構ではあるが）に徹するかぎり、先進国の人々は、途上国の貧困者を眺めながら「私たちもああいうふうになってはいけないから」と、自国の食料増産を求めることによって「良識派」を気取ることができる。

途上国の農産物を積極的に輸入しよう

途上国の農村の貧困を解消するためには、先進国が途上国の農産物を優先的に買いつける仕組みを作るべきだ。たとえば、農薬の使用制限などを課したうえで、とくに貧困が深刻な地域から、一般的な相場以上の価格で買い取るのだ。

途上国の中には、手っ取り早い換金作物として大麻やケシを栽培しているところもある。それはたしかに目先の現金収入をもたらすかもしれないが、麻薬に関するアングラ・ビジネスを招き入れ、経済と治安を不安定化する。先進国がそういう地域にソバなどの健全な作物に切り替えさせ、それを高値で買い上げるというのもよいだろう。

日本は先進国の中では後発国であったがゆえに、かつて欧米に植民地支配されてきた国々は日本に対して比較的好意的な感情を持っている。もはや経済力や軍事力では世界のリーダーにはなれない日本ではあるが、世界的な食料の安定生産や世界的な所得分配の公平化のための先鞭をつけることはできる。

情報技術と怨嗟

先に相対的貧困が怨嗟を生むと述べた。だが、貧しい人が豊かな人に怨嗟しない場合もある。たとえば大谷翔平選手がどれだけ稼ごうと彼を称賛こそすれ妬まない。大谷翔平選手の努力と素質が別格だからだ。逆にわずかな不平等でも怨嗟を生むことがある。近親憎悪がまさにそうで、なまじ自分と近い境遇の他者が、たいした理由もないのに自分よりも恵まれていると強烈に腹が立つ。

近年の情報技術の発達が怨嗟を生みやすくしている。商売であれ、製造であれ、関連する情報をインターネットなどで拾うことができ、誰でも手掛けやすくなっている。似たりよったりのサービスや製品がはんらんすることになるが、その中で勝ち残るのはごく一部で、その勝敗は運による部分も大きかったりする。近年は知的所有権の保護が強くなり、その勝ち残った者が、類似のサービスや製品を知的所有権の侵害として攻撃するかもしれない。そういうサイクルが動き出せば、最初は偶然に左右されての「タッチの差」だったのに、隔絶の差になっていく。こうなれば怨嗟は増幅されていく。

同じく情報技術の発達により、途上国の貧民でも先進国の生活に触れることが容易になっている。それは先進国に対する怨嗟を醸す。あるいは、交通技術の発達に乗じて、一斉に先進国へ押し寄せるという動きも惹起する（日本では島国という地理的特性もあって比較的軽微だが、北米や欧州ではすでに深刻な問題になっている）。

2　現代社会の化石資源依存

生命の危機を回避するためにという意味では、食料よりももっと切実に確保しなければならないものがある。それは公衆衛生と電力などの近代的エネルギーだ。近代的エネルギーの源は石油などの化石資源に頼っているのが実情だ。原子力、風力、バイオ・エタノールなどの化石資源以外に期待する声もあり、それについては後述するが、現時点において近代的エネルギー依存と化石資源依存はほぼ同値とみてよい。化石資源は再生産不能だ。つまり、現世代が化石資源を使えば使うほど、将来世代が犠牲になる。

日本では飢餓で死亡することはきわめてまれだが、熱中症や低体温症での死亡は頻発している。猛暑や極寒への対策は冷房や暖房というのが今日の常識だが、それらは化石資源に頼りきっている。

もっと深刻なのが飲用水だ。人間は食べなくても安全な水が飲めるならば数日間程度ならば耐えられる。他方、のどが渇いても水が飲めないのは地獄の苦しみで、一日たりとも生きながらえない。ばい菌が繁殖しているなど衛生面で問題がある水を口にすれば、ただちに重篤な病気に陥る。衛生管理のためには、浄化などの措置が必要だが、そのための過熱や薬品処理にも化石資源が投入されている。つまり、化石資源こそが現代人の生命を支えているのだ。

これに関連して、汚水をどう処理するかも見落とされがちだが、人間の生命維持のためにはかなり重大だ。汚水が放置されれば、コレラをはじめとして病気の蔓延は避けられない。技術的にも排水は給水よりも難しい。

たとえば、東京が大停電に陥ったとしよう。多くの場合、上下水とも電動ポンプで管理されている。自家発電（これも非常用に蓄えておく石油など化石資源を使う場合が多いが）がなければただちに断水する。飲料水については、かりに東京じゅうの電気が止まっても、ヘリコプター（これも化石資源に依存しているが）で給水タンク（これも化石資源を原材料としているが）を届けることができる。しかし、し尿を含めて汚水については、電動ポンプが止まれば集水することも処理することもできない。

かりに食料不足を心配するにしても、生産量の不足よりも運搬と貯蔵ができるかどうかのほうがネックになる。東日本大震災でも、日本にはじゅうぶんに食料があるのに、津波で孤立した被災地では、道路が壊れたり燃料不足で食料の運搬ができなかったり、電力がなくて貯蔵ができなかったりという事態に陥った。

二〇一八年の北海道のブラックアウトでは、私自身が停電による交通遮断と食料腐敗を実体験した。当時、札幌市のビジネスホテルにいた。エレベーターも止まり、空調も止まり、上下水とも使用できなくなった。

街へ出ると、交通信号が停電で消えていて、警察官が手信号で交通を制御していた。多くの商店がシャッターを閉じて臨時休業になっていたが、そういう中、道行く人たちに料理をただで提供している食堂もよくみかけた。カートリッジのガスコンロを道端に持ち出して肉などを焼いては通りすがりの人たちにふるまうのだ（店内では暗いし換気扇も回らない）。冷蔵庫・冷凍庫が止まり、このままでは食材が無為に腐っていく。そんなもったいないことはしたくないから、無料でいいから食べてもらおうという考えだ。仕入れた食材を活かしたいという料理人気質に敬意をいだく。それと同時に、食料保存ができない状況で食料増産しても無為ということを能弁に物語る光景だ。

電気が普及する以前は、乾燥、発酵、薬草の利用など、化石資源を使うことなくさまざまな方法で人々は衛生管理や食料貯蔵の工夫をしてきた。しかし、利便性に流されて現代社会はそういう工夫の伝承を怠ってきた。

化石資源を使わないで衛生管理や食料貯蔵をする知恵は、高度消費社会ほど失われていく。この点で先進国が途上国を穀物のはけ口にしたり、途上国に先進国の消費文化を持ち込んだりしている（しばしば、先進国の収益目的で）のは深刻な問題だ。先進国の価値観や行動様式が途上国に押しつけられることによって、途上国で残存していた近代的エネルギーに頼らないで生きていく知恵も失われていく。それは全地球的規模の損失だ。

透析や人工呼吸器を受けている者も停電下ではただちに生命の危機となる。通信も電気に頼っているから、停電下では情報不足からパニックになるかもしれない。

産業革命以降の経済活動を分析した斎藤［2024］が端的に示すように、産業革命以降、人々は人口増加率よりも速く、また経済成長率（GDPの成長率）よりも速く、猛烈な勢いでエネルギー消費を増やしてきた。そして二〇世紀末以降、エネルギー消費にしめる化石資源の割合は約八割と高止まりだ。この間、いわゆる省エネ技術がさまざまに開発されてきたが、その効果を凌駕して人々はエネルギー消費を増やしてきたわけだ。今後も省エネ技術の開発が進むだろうが、人々のエネルギー消費の伸びを抑えないかぎり、「焼け石に水」だ。これだけ強度に化石資源に依存していながら、農業生産の絶対量を増やすことに何の意味があるのか。

3　食料自給率のカラ騒ぎ

北海道の食料自給率は二〇〇パーセント以上ととびぬけて高い。しかし、これは北海道が道外からの農産物に頼っていないという意味にはならない。それどころか、北海道は道外から持ち込まれた農産物に強く依存している。北海道の農家は大産地を作って大型機械で大面積を耕作する傾向があり、そのために栽培する作物の種類を絞るからだ。また、長くて寒い冬場に生鮮野菜を食べようとすると道外産に頼らざるをえない。

北海道の食料自給率が高いということは、道外の消費者が買ってくれなくなったら北海道の農業がたちいかなくなることを意味する。つまり、北海道の食料自給率の高さは北海道農業の強靱さではなく脆弱さを意味しているという解釈さえ成り立つ。

なお、自給率の定義は、国内生産を国内消費で割るという分数計算に一〇〇を乗じたものだ（上述の北海道の場合は道内生産を道内消費で割ったもの）。定義式として、国内生産量＝国内消費量（廃棄や在庫変動を含む）＋輸出量－輸入量という関係がある。したがって、世界全体では自給率は一〇〇パーセントになる（国際統計で把握するためには貿易の途上での損耗をどう処理するかなどの技術的問題があるが、本質論から逸れるのでこれ以上議論しない）。つまり、日本の食料自給率を上げるべきという主張は、日本以外の食料自給率を下げるべきという主張とほぼ同値だ。食料自給率を重視するのは上述のとおりで的外れだが、日本のためならば日本以外を平然と犠牲にするという傲慢な感覚を持っているようでは、国際協調に反し、かえって日本を危うくする。

北海道と対照的にシンガポールの食料自給率は一〇パーセントにも満たない。だが、それがシンガポールの弱みには決してならない。コロナショックの当初、消費者が食料不安からシンガポールの消費者の中には、漠然とした不安感から食品の買いあさりに走るということが一時的にはあった。しかし、シンガポールの隣国の農業者にとって、シンガポールの消費者に買ってもらえなくなったら、大

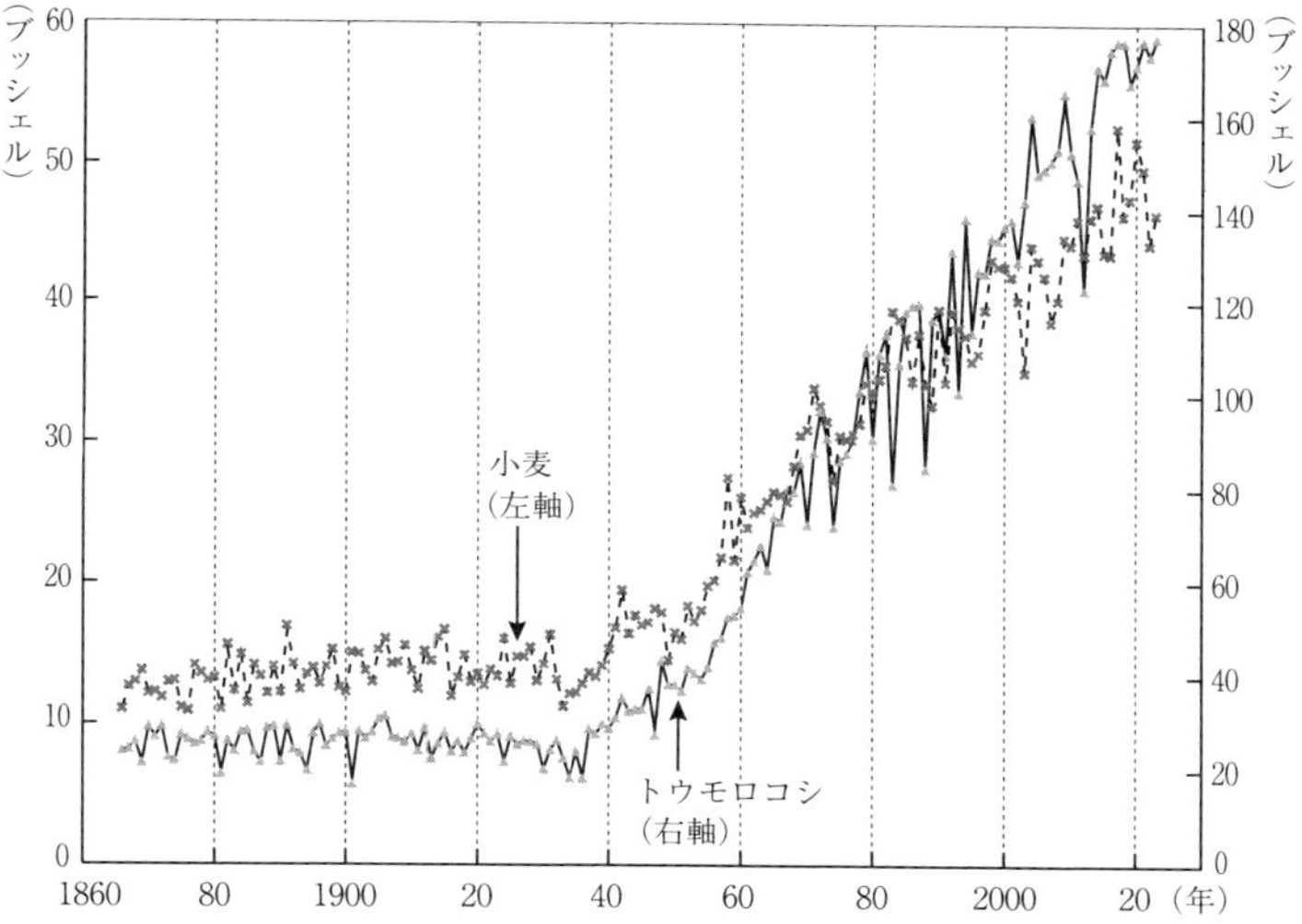

図2　1エーカー当たりの収量（米国）

出所：Martin and Brokker. (1893 : 159), Luttrell and Gilbert (1976 : 527) を USDA National Agricultural Statistics Service, Historical Data On Line, 2024 で延長。

打撃だ。結局のところ、おおむねコロナショック前と同じように彼らはシンガポールに農産物を売り続けた。

食料増産の裏側

運搬や貯蔵のほうが食料確保という点では重要なこと、そのために枯渇性の化石資源に全面的に依存しているのは先述のとおりだが、かりに農業生産に議論を集中させるとしても、そこでも、また、枯渇性の化石資源に全面的に依存していることを下記する。

第二次世界大戦が終結すると、「人口爆発」と呼ばれるほど、人類史上で例のない人口増加局面に入った。ところが、表1と図1でみたように、人口を上回る速度で穀物生産が増加した。この背後には、図2にみるように、第二次世界大戦後の驚異的な単収（単位面積当たりの収量）の増加があった。

多くの農学者たちはこの単収増の背景に科学に基盤をおいた技術革新（品種改良や新しい農業資材の開発）があったことを指摘している（Hayami and Ruttan [1985]、Hayami and Godo [2005]、加治佐[2020]）。第二次世界大戦を契機として、戦車などの重機に加え、生物兵器・化学兵器の研究が進んだ。それらがベースとなって、農薬、化学肥料、耕うん機、収穫機、乾燥調整機などが、次々と開発・改良されていった。また、土木技術や灌排水設備も飛躍的に向上した。この時期の農業生産の増加は「緑の革命」という気高い呼称で表現される。

だが、「緑の革命」の内容を吟味すると、総じて化石資源依存だ。農業機械や新資材の燃料や原料としても化石資源を使うし、水利制御のためのポンプなどで電力も消費する（電力の大半が化石資源によって支えられている）。灌漑設備の建設や補修のための重機や土木資材も化石資源依存だ。品種改良においても、灌漑、農薬、化学肥料などとの相性がよいものが開発の主流だが、そういう品種は逆に灌漑農薬や化学肥料がないと、伝統的な品種よりも単収が低くなる。つまり、図2にみる単収増は、実は化石資源を強めた結果という見方ができる。

伝統的な農業では、化石資源への依存度は低く、もっぱら太陽光という無料で降り注ぐエネルギーの範囲内で農業をしていた。それを化石資源依存に切りかえるのだから当面の増産とひきかえに化石資源の枯渇を早めたことになる。「緑の革命」は、後代からは、「化石資源の略奪農法」として非難されるかもしれない。

途上国で在来品種や在来農法が消え去りつつある。近代品種や近代農法は、農業試験場での成績を単純に見ると在来品種や在来農法よりも優れている。しかし、科学は決して万能ではない。とくに動植物の生理については未解明な部分が多い。近代品種や近代農法を導入してしばらく順調でも、スーパー雑草やスーパー害虫など、予期せぬ生態系からの「逆襲」が来ないとも限らない。その点、長年、生き残ってきた伝統品種や伝統農法には、近代科学を超えた先人の知恵を宿している可能性がある。

虚構の危機の享楽

人間には、自分の安全性が確保された状況で「演出された恐怖」を楽しむという習性がある。レジャーであれ、仕事であれ、ほどよいスリルがないと退屈してしまう。典型的にはジェット・コースターやホラー映画だ。自分が決してほんものの危険にさらされないという保証のもとで、恐怖を疑似体験すると、ウキウキして高揚感にひたる。

対照的に、自分が癌かもしれないとか、悪事がばれるかもしれないとか、そういうほんものの脅威に対しては、目をそむけがちだ。

日常生活において食料はふんだんにある。体重過多を気にしている人たちが大半だろう。彼らにとって、食料が足りない状況は映画か本の中での出来事だ。だからこそ、食料危機の可能性を論じるのは楽しい。

しかし、その楽しさとひきかえにして、ほんとうの危機が高まる。いまの体制のまま食料を増産すれば、ますます化石資源の枯渇を早め、途上国の農業・食料を混乱させる（これは先進国への怨嗟を高める）からだ。

第3章　食と農の基本問題

食料自給率といった「嵩」に対する議論が盛り上がりがちな一方、農業と食料の質についての議論が抜け落ちがちだ。本章では、日本が守るべき農業と食料のスタイルを論じる。

1　魚と肉

二〇一八年の夏、私はスコットランドに養鹿業の視察旅行にでかけた。それまで、スコットランドには国際学会大会ででかけたことはあるが、農業視察は初めてだった。

日本のように山がちな地形に慣れていると、スコットランドではどこでもなだらかな丘か平地のように見える。とくに不思議なことに、川がないのに沖積で形成されたと思われる平坦地が拡がっている。いったいどういうことなのか、現地の研究者に尋ねて、その理由が氷河時代の終わりにあると聞いてびっくりした。スコットランドは陸の面積が小さいので、氷河期においてもスカンジナビア半島のように巨大な氷河は現れなかった。だが、スコットランドが氷に包まれていたことには違いがない。氷河期が終わって、その氷が融けていき、そのときの水の流れで沖積が起きたのだ。そして、氷が溶けきってしまえば、水源はなくなるので川として残らないのだ。

また、氷河期にいろいろな種類の植物が種子ごと死滅していくなかで家畜（牛豚羊）が好むマメ科の牧草が生き残ったという。おかげでマメ科の牧草が雑草のごとくどんどん生える。日本ではイネ科の雑草が繁茂しやすく、マメ科の牧草がなかなか生えなくて酪農農家が困っているのとは対照的だ。

欧州の家畜は冷涼な気候を好み、死角を嫌い、なるべく群れで動こうとする。スコットランドの平坦で夏でも緩やかな陽射しと大西洋から吹きつける風は欧州の家畜には絶好だ。地形、地質、気候、すべてが、欧州の家畜に合っている。

もともと家畜の起源は野生動物であることを考えると、欧州の家畜が欧州の自然条件に合っているのはごく自然なことだ。狩猟社会から農耕社会に移るにあたって、野生動物の中で人間が手なずけやすくて有益なものを囲いこんで、外敵から保護したり、牧草の多いところに連れて行ったり（あるいは牧草を栽培したり）、交尾・繁殖を促したりして、搾乳ないし食肉として適するまで飼育するという形で畜産が始まった（ちなみに、農業は耕種農業と畜産に大別されるが、人類史において畜産のほうが耕種農業よりも始まりが早かったのではないかという説がある）。

これとは対照的に、日本で目下、飼育されている家畜は、牛も豚も鶏も、ほとんどが欧州に原種がある。和牛というとその名前から日本在来種であるかのような印象を持たれがちだが、実際は明治期以降に導入されたアンガスなど、欧州の肉用牛の品種をベースにしている（明治期以前からの在来種と言えるのは、山口県の見島牛と鹿児島県の口之島牛という離島にほそぼそと残ったものに限られる）。

鶏については、さらに皮肉な状況だ。もともと日本では「さくら」とか「もみじ」といった在来種の鶏がいて、採卵と食肉の両方の目的で各農家が少羽数を飼育した。ところが、第二次世界大戦後、採卵養鶏と食肉養鶏に分離されてそれぞれに大規模化し、産卵数の多い白色レグホンやボリスブラウン、速く増体するチャンキー、という具合に外来種に席巻されていった。今日、各地で「地鶏」と称してブランド化された鶏肉が売られているが、いずれも外来の肉用品種とのかけ合わせだ。

日本の家畜は、日本の地形、地質、気候に合わないという深刻な問題を抱えている。しかも、家畜の多頭飼育が進んだ結果、個々の家畜に対する健康管理がさらに難しくなり、日本の家畜は不健康になりがちだ。

同じことは、作物についても言える。いま、日本人が好む野菜は、じゃがいも、レタス、イチゴ、など、海外に原種があり、日本の気候・地質には合いにくい。必然的に農薬や化学肥料に頼らざるをえない。

鹿肉人気の背景

スコットランドに話を戻そう。スコットランド人は長らく、鹿を家畜として飼おうとはしなかった。これは、鹿の増体が遅いことや、牛豚羊に比べて多動で人間に対する攻撃性が高いためだった。ただし、鹿肉自体は、スコットランド人の好みで、とくに秋に野生の鹿を獲ってステーキにするのが最上だという（冬に備えて、野生の鹿は秋にしっかりと餌を食べて太る）。だから、秋にスコットランドに来たら、野生の鹿肉のステーキを必ず食べろと地元の人が教えてくれた。

いまは冷凍技術が発達しているから、冷凍しておけば年中、ステーキにできるではないかと私が尋ねると、「冷凍肉を戻したステーキは味が落ちる」という。そして、養鹿ではなく野生の鹿のほうがおいしいという。それを聞いて、やはり食肉は欧州の文化だと思った（もっとも英国人は大陸の人間と一緒にされるのを嫌う傾向があるが）。

残念ながら、私には、いったん冷凍した鹿肉を解凍してステーキにされても、たぶん、食味の低下には気づかない。そもそも、日常生活ではあまりステーキを食べないからだ。他方、子供の時分から魚はよく食べてきた。郷里は島根県松江市で、裏日本で最大級の漁港がある境港市に近く、また、しじみなどで有名な宍道湖に面していて、海の魚も湖の魚も新鮮なものが入手しやすく、母は刺身でも焼魚でも煮魚でも、よく作ってくれた。いったん冷凍した魚を解凍して刺身にしてもあまりおいしくないことはすぐにわかる。養殖の魚と天然の魚も、味の違いがわかる。よし悪しの問題ではなく、食文化の違いだ。

スコットランドで養鹿業がさかんになり始めたのは約四半世紀前だ。BSEの発生で、牛肉に代わる肉が求められたことが直接の契機だ。それと同時に、鹿の増体が遅いということは赤身が多く脂肪分が少ないことを意味し、健康志向の消費者に鹿肉がアピールするようになったからだ。飽食の時代にあって、カロリー摂取の不足よりも過剰を心配している人が多いのだ。

先述のとおり、もともと鹿は攻撃性が強くて飼いにくいはずだった。ところが、本格的な養鹿が始まって二〇年も経てば、人間になつく個体も現れ始めるし、飼育方法もいろいろと改善されていく。こうして、スコットランドの食文化が進化していくのだろう。

在京大使館員の悩み

ちなみに、日本人は、牛肉でも豚肉でも鶏肉でも、やわらかくて臭みのない肉を好む傾向がある。これも欧州の文化とは異なる。肉の臭みや歯ごたえを楽しみたいという欧州人が多い。おそらく、これも、欧州が日本よりもはるかに長くて深い肉食の文化があるからだろう。

私はよく、これを納豆になぞらえる。日本人の多くにとっては、独特な匂いと粘りがあるからこその納豆だが、欧州人からは匂いと粘りが嫌われがちだ。そこで、匂いも粘りも消した納豆があって、欧州人などから歓迎されている。

納豆であれ食肉であれ、文化の違いは尊重するべきだ。人間は自分が敏感で他人が鈍感なものを重視し、自分が鈍感で他人が敏感なものを軽視する傾向がある。少なくとも、「日本人の味覚は鋭い」とか「日本の食文化は豊か」なぞというおごりは戒められるべきだ。

在京の欧州大使館員から、日本のハム、ソーセージ、チーズの不味さに悩まされるという話を聞く。母国からの訪日客を在京の高級ホテルに泊まってもらっても、ハム、ソーセージ、チーズが不味いと不満を言われる。東京で会議を催して昼食用にサンドイッチを準備する際も、ごくごく限られたお店のものしか満足な食味でないという。

それもそのはずで、日本では肉製品に三〇〇～四〇〇パーセントの加水がされているのはザラにある。欧州では上限が五パーセントだ。日本の肉製品は品質よりも価格を優先しているわけだ。それ自体は決して悪いことではないが、日本人の味覚が肉製品については鈍感ということだ。

動物性タンパク質の魅惑

日本は明治維新まで食肉の文化があまりなかった。しばしば、これを殺生忌避という仏教文化の影響に結びつけられがちだ。しかし、中国、韓国、台湾のように日本と同等かそれ以上に仏教文化の強い国々で、僧侶などを別として普通に食肉をしてきたことを考えると説得力に欠く。

そもそも、動物性タンパク質は人間を魅了する。世界各地の祭事において、豚の丸焼きだの羊肉の塩ゆでだの、饗宴の最大の目玉には動物性タンパク質がすえられることが多い。

日本人が家畜を食用にあまり飼育しなかったのはなぜだろうか？　その理由はさまざまにあろうが、魚介が沿岸や内水面で豊富に獲れたことはかなり重要な要素だろう。いまでこそ魚介は高級品になっているが、比較的最近まで、魚介は低所得者の味方だった。それを物語るのが、水俣病、新潟水俣病だ。いずれも、不知火海、阿賀野川に面した人々が水銀汚染された魚介を食べて食中毒を発症したものだ。いずれも所得の低い人々の日常食として魚介が捕獲され、摂食されていた（汚染が疑われ始めていても、魚介を捕獲する以外は食材にありつけないという貧しさゆえに食べ続けたという事例も多い）。現在でも高齢者に子供時分の話を聞くと、内水面や沿岸でふんだんに魚が獲れたことを教えてくれる。実際、以下のように、日本の内水面漁業・沿岸漁業には天賦の豊潤さがあった。

漁業資源の秘密

日本列島は細長いが、北海道から九州までがだいたい北緯三〇度から四五度におさまる。これは地球儀でいうと中緯度の偏西風地域に属する。

日本列島の東岸は、北から南へと親潮という寒流が、南から北へと黒潮という暖流が流れ込み、双方がぶつかって東へと海流の向きを変える。一般に、寒流と暖流がぶつかる海域は潮目と呼ばれ、好漁場になる。多種多様の海洋生物が集まるし、海水が攪拌されて海底の養分が浮上し、それを餌にする小魚類が集まり、さらに小魚類を餌にする大魚類も集まるからだ。親潮と黒潮はそれぞれ世界最大級の寒流と暖流であり、世界的にも比類のない好漁場が日本列島の太平洋側に形成されている。

では日本列島の西側の日本海側はどうか？　実は、太平洋側とは異なるメカニズムで、奇跡的な好条件が日本海にある。少々紙幅をとるが、以下にそのメカニズムを説明しよう。

通常、日本列島のあたりの緯度では海流は東に向かう（上述のように日本の太平洋側がまさにそうだ）。ところが、日本列島が壁になるため、日本海の水が日本列島の東側へとは行きようがない（青函海峡からは東に行けるがなにぶんにも狭くて、日本海の水のごく一部しか青函海峡には向かわない）。

しかも、日本海は北側が間宮海峡や宗谷海峡など、外海との結節が狭隘だ。このため北側からの流れ込みは少ない。対照的に日本海南側の対馬海峡は広く、暖流の対馬海流がぞんぶんに流れ込む。したがって、日本海は緯度に比べて暖かい。

さらに、アムール川に代表されるユーラシア大陸からの河川水も日本海に注ぎ込む。ユーラシア大陸は世界最大の陸上面積を占める。当然にアムール川の水量は豊富で、しかも極寒のシベリアを流下しているから水温が低い。河川水なので塩分がないうえに低温となると、その水質は酸素含有量が多くて比重が重い。もともと日本海は深度が浅い。アムール川からの水は日本海の底へと沈み込んで酸素濃度の高い水塊となる。酸素は呼吸の源であり、生命を育む。

このように日本海の水は比較的暖かく、しかも酸素含有も多い。これは世界的にも稀有な性格を帯びる海水で、学術的には「日本海水」と呼ばれる。暖かさゆえに、多様な生物を育み、酸素含有の多さにより、大量の生物が生存可能になる。かくして、沿岸漁業資源が豊富となる。

また、日本は山林が多いが、落葉広葉樹が腐葉土を作り、これが植物プランクトンを育む。これも、内水面と沿岸の漁業資源を豊かにする。都市開発によって減ってしまったが、日本はもともとは地下水や湧水にも恵まれていた。この利を活かして鯉を飼って、ハレの日に客人にもてなすという風習を生んでいた。

日本料理の特徴である出汁の活用も、豊富な魚介類があるからこそ生まれたと考えられる。京都のうね乃は、「出汁屋」というジャンルを確立した会社だが、うね乃の社長の采野元英さんから出汁の起源について聞いたことがある。魚介が大量に獲れたときの保存や他地域に移送する手段として干物にするというのがある。その干物を、食べ物が足りなくなったときに、野菜などと一緒に煮物にしているうちに、出汁のおいしさに気づいて、それを極めていったのではないか、というのが采野さんの説明だ。

かつて石狩川河口付近で、ニシンが浜を埋めるほど獲れたという。そういう類の漁業資源の豊かさが、日本各地の沿岸漁業、内水面漁業にあった。ニシンは一九五〇年代でも年間に二五万トン程度あった。明治時代の最盛期の九七万トンに比べれば少ないが、現在の水揚げが一〇〇〇トン前後に比べればはるかに大きい。沿岸漁業、内水面漁業の損壊は現在も進行中であり、いまを生きている世代の罪悪だ。

漁業資源の損壊

日本が天から恵んでもらった豊かな沿岸漁業資源、内水面漁業資源が、なぜ壊れてしまったのか？その原因は複合的だが、少なくとも五点を指摘できる。第一は、乱獲だ。長らく日本の漁獲規制は漁獲船のトン数制限などの「インプット規制」が中心で実効性がないとして国際的に批判されてきた。二〇一八年の漁業法改訂で漁獲総量を規制する「アウトプット規制」へ移行するかのようなポーズだけは取り入れたが、あいかわらず科学的根拠の伴わない「大甘」の規制で乱獲に歯止めがかからない（むしろ拍車をかけている）。

第二は、近代的な土木工事だ。砂防ダムやコンクリート舗装によって、小動物が棲みにくくなった。防災上の意味もあるので一概には批判できないが、過剰な工事になっていなかったかは懐疑的にふりかえる必要がある。

第三は、農薬や化学肥料の普及だ。農薬は害虫や雑草の駆除のために開発されたものだが、それ以外の動植物の生存を妨げる場合もある。これによって生態系が崩れるし、食物連鎖を通じて高濃度の農薬が魚介に残留していないかも気がかりだ。また、除草剤の中には土壌をもろくするものがあり、そうなると河川に土砂を流入させ、河川の生態系を乱す。また、農地からの排水中に化学肥料が残留し、これも生態系を崩す。

第四は、日本人の消費生活における利便性志向の強まりだ。内水面漁業や沿岸漁業の魚介物は、小骨が多かったり、泥臭さを抜くための措置が必要だったりなど、調理に手間がかかるものが多く、敬遠されるようになった。

第五は、「ブランド信仰」だ。典型的なのがのどぐろで、私が子供の頃からなじみのある魚だ。これがブランド化されて高値で売れるようになった結果、乱獲が進み、獲れる個体が小型化するなど、漁業資源の破壊が続いている。困ったことに、マスコミや「識者」は、漁業資源保護のような面倒くさい話題は避けて、当面の話題作りに興じる傾向があり、「ブランド信仰」を焚きつける。

魚の肉化

チェーン展開の外食店やスーパーが発達するまでは、消費者は、街の魚屋に行き、その日その日で、よさそうな魚を買い、必要ならば店主から調理方法も聞いて調理した。三枚におろすなどの基礎的な処理は各家庭でじゅうぶんにできた。

だが、消費者の利便性重視のなか、家庭で魚をさばくことが激減し、フィレに加工済のものを買うとか、外食店で注文して食べるようになった。その結果、よく知られた魚種をよく知られた方法で調理されたものばかりが消費されるようになった。

ある意味では、魚が肉化した。豚肉、鶏肉、牛肉ならば、部位ごとに規格化されているし、冷凍保存が可能で、調理もしやすい。魚介の中でも、遠洋での漁獲物を冷凍したもの（カツオ、サーモン、マグロ、イカ、イワシ、など）であれば、肉ほどではないがそれなりに規格化しやすく、在庫も効き、調理もしやすいのでそちらの方が好まれるようになった。

同時並行的に魚介のブランド化（本来の意味での「ブランド化」とは言えないのかもしれないが）が独り歩きし、消費者が、品質ではなく「よく耳にする魚種や産地」を重視する傾向も強い。あまり知られていない魚種や産地の魚介は、安くておいしくても買い手がつかないということになる。このため、売りやすい魚種以外は洋上投棄（漁師が釣れた魚を海に捨てること）されるなど、漁業資源の無駄遣いもおこる。

食肉にかかわるビジネスの世界では、「人口の高齢化は肉の需要を高める」というのが、常識になっている。かつて、高齢者は魚を好む傾向があった。手間のかかる調理も同居の嫁に調理を命じることもできた。しかし、いまは高齢者だけで暮らす傾向が強い。魚介はゴミ出しも面倒だ。いまの高齢者は第二次世界大戦後生まれなので、学校給食で肉製品を食べてきている。かくして、高齢になって調理も処分もしやすい肉製品が好んで食べられる。

養殖物のほうが天然物よりも値動きが激しい

興味深いことに、魚市場での魚のセリ値の変動が年々激しくなる傾向がある。養殖技術や運輸・保存技術が向上しており、柔軟な供給ができるようになったから、その意味ではセリ値は安定するはずだ。それにもかかわらず、セリ値の変動が激しくなったのは、需要が硬直的になったからだ。すなわち、魚は外食産業で注文するか、スーパーで買うにしてもフィレなどに加工済のものになった。この場合、外食店やスーパーは、チラシの準備やパート労働者のシフトを組むために、一カ月程度前から仕入れを決めている。当日の魚の市況など関係なしに既定の魚種を既定の数量を仕入れるわけだから、値動きが激しくなるのだ。

ただし、外食店やスーパーでの価格は、セリ値ほどには変動しない。人件費や加工費の割合が大きいこともあり、価格変動が緩衝されるからだ。

「おいしくて安い魚が買ってもらえない」という仲卸の嘆きを耳にする。消費者はブランド重視で、よく知っている魚種でよく知っている産地（水揚げ地）でよく知っている加工方法ないし調理方法を施されたものを外食店やスーパーで買い求める。日によって、割安で良質の魚が魚市場に入っても詮がない。

これに関連して、養殖物のほうが天然物よりも値動きが激しいということも起こる。一般に天然物はいつ漁獲できるかわからないのに対して、養殖物であればおおむね安定して供給される。普通に考えれば、養殖物のほうが価格が安定するはずだ。ところが、スーパーや外食店としては、おいしさよりも品質の安定を優先する。純粋に食味という点では天然物のほうがおいしいだろうが、日によって食味が変わりうる。その点、養殖物は飼料や飼養期間が制御されているからばらつきが少ない。スーパーや外食店からすれば、食味がばらつくと消費者から苦情が寄せられかねない。また、加工や調理をマニュアル化するに際しても、品質が安定しているほうがよい。そういうわけで、スーパーや外食店にとっては養殖物を中心にして仕入れ計画を決めがちなのだ。先述のとおり、スーパーや外食店は一カ月程度前に仕入れ量を決めているから、当日はその量を確保することが最優先となる。つまり、養殖物への需要が硬直化してしまい、それがセリ値の大幅な振動となる。

かたや、しっかり品定めをして天然物を上手に料理するような買い手は珍重されるべき存在だ。彼らは値段が高すぎれば買わない。割安となれば積極的に買う。おのずとセリ値の振幅が抑制される。

北海道の糯米

北海道の米というと、「ふっくりんこ」「ゆめぴりか」といった主食用の良食味米がイメージされがちだ。だが、北海道は糯米の生産量も多い。そして、目立たない形で、消費者の身近で売られている。コンビニエンス・ストアの弁当や三角おむすびだ。

従来、北海道産の糯米は、搗いてもなかなかもちもちせず、赤飯に炊いても味も色あいもいまひとつという具合に低評価になりがちだった。しかし、コンビニエンス・ストアの弁当や三角おむすびならば、数日間、棚売りしても品質が大きく変わらないことのほうが重視されがちだ。北海道の糯米は、搗きたてや炊きたてといった最高においしい時点での味や色では高評価を得にくいが、しばらく時間がたっても大きく変化しないという点で、コンビニエンス・ストアの弁当や三角おむすび用として歓迎されたのだ。白米ばかりの三角おむすびや弁当が並ぶよりも、赤飯を使った商品もあるほうが、変化があって消費者にアピールしやすい。赤飯には「お祝い」という華やかなイメージもある。だから、コンビニエンス・ストアとしては赤飯はぜひとも確保したい。

糯米は一般に耐寒性が強く、北海道に向いている。ただし、糯米はうるち米の花粉がつくとうるち化するという問題（「キセニア」といわれる）がある。北海道のように寒いところでは、水稲が花粉をより遠くまで飛ばす傾向があるので、この問題は深刻だ。そこで、北海道のＪＡ（その上部組織のホクレンを含む）は、糯米を栽培する地域をゾーニングしてうるち米栽培から切り離している。これは糯米の生産量をまとめることで、大手の食品会社との価格交渉力を強めるという効果も持つ。スイーツ（冷菓を含む）の原料などの形で、やや意外な用途でも糯米は使われている。いもち病など寒冷地で発生しやすい病害に対してもＪＡで組織的に防除をおこなっている。

北海道の糯米はＪＡによる効果的な農業者サポートの一例だ。それと同時に、コンビニエンス・ストアの興隆に代表される消費者の利便性重視が農業をどう変えるかを観察するうえでも象徴的な事例だ。コンビニエンス・ストアでは、いつでも欲しいだけ買えることが重視され、味や色は添加物などで調整する。そういう売り方が、北海道の糯米に活躍の場を与えたのだ。

豚と鶏

十二の干支で年を数えるという習慣は東アジアで広くあり、日本のみならず中国、韓国、台湾、ベトナムでもみられる。ところが、干支の最後が猪なのは日本だけで、ほかの国々では豚だ。

豚はタンパク源として魅力的だ。メス豚は一年に二回お産し、一回で一〇頭近く産む（品種改良が進んで二〇頭近くという多産もある）。豚は雑食のため、人間の残飯をそのまま餌にできる。中国でも韓国でも台湾でもベトナムでも、祝宴で豚肉は不可欠だ。

日本にも縄文時代にいったん豚が入ってきた（原田［2014］）。ところが、日本では、沖縄を除いて豚が定着しなかった。これが日本の干支に豚が入らない理由だ。

豚が日本に定着しなかった理由として三点が考えられる。第一は、上述のように沿岸漁業・内水面漁業でじゅうぶんな動物性タンパク質が摂食できたからだ。第二に、豚は泥んこ遊びを好むが、日本は限られた平地を水田にあてているため、そこに侵入されては困るからだ。第三は、鶏と相性が悪いからだ。豚と鶏を同じところで飼うと、インフルエンザの対策上、好ましくない。鳥インフルエンザは新型が生まれやすいことで知られるが、直接人間に伝染することは比較的少なく、しかし豚への伝染は起きやすい。他方、豚から人間へのインフルエンザの伝染は起きやすい。つまり、鶏→豚→人、という危険な連鎖を起こす可能性がある。この連鎖について、近代科学とは別の手段を通じてわれわれの先祖たちは感得していたのだろう。

鶏は豚よりも飼育面積が小さくて済むし、原種の誕生地がアジアモンスーン地帯で、日本の地形や気候に適合している。野菜くず、魚の頭、炭くず、砕米、などで安上がりで飼うことができる。日本の農業者は豚よりも鶏を選んだのだ。

牛については、肉や乳という食用というよりもむしろ、耕うんや輸送を担う役畜として、さらには雑草を食べさせて牛糞にして肥料原料とするという糞畜として、長く日本で飼育されてきた。明治維新以降、アンガスなどの欧州の肉用品種と掛け合わされて和牛となっている。いうまでもなく日本での酪農の歴史は短く、明治以降にホルスタインなど乳用品種が導入され、牛乳を飲む習慣が一般化するのも戦後だ（ちなみに、欧州ではチーズなどの加工用の需要を中心に酪農が発達し、飲用にする場合も日本のようにホモゲナイズして高温殺菌してという処理をかならずしもしない）。

第二次世界大戦後、日本人の食生活が欧米化し、豚肉、牛肉、牛乳の需要が増大し、これに対応して日本国内で豚や牛の飼育が増えたが、いずれも海外の品種を導入したもので、日本の自然環境にはなじまず、病気になりやすい。牛でも豚でもオスは生後すみやかに去勢されること、飼育密度が高くなりがちなこと、と畜場の係留スペースが狭いことなど、日本独特の飼育方法・食肉処理方法がとられており、アニマル・ウェルフェアの観点で海外から批判されている。

2　国産飼料の危うさ

一時的とはいえ、中国のアフリカ型豚熱の発生とウクライナ戦争によって穀物の国際価格が騰貴した。日本では畜産の飼料の輸入依存率が七五パーセントと高い（飼料自給率が二五パーセントと低い）ことから、穀物の国際価格の高騰が国内の畜産農家の経営を圧迫した。この対策として、日本政府は二〇三〇年までに三四パーセントまで引き上げるという目標値を掲げて、さまざまな補助金を投入している。

一見するとまっとうにも見えるかもしれないが、実はこの飼料自給率引き上げという方針は、矛盾に矛盾を重ねている。そもそも、穀物の国際市況が割高な現在ですら、日本の米の生産費に比べて海外の飼料用穀物のほうがはるかに安い。目下、飼料用国産米が国内の畜産農家で使われる場合もあるが、それは飼料用国産米へのふんだんな補助金投入のおかげで、ようやく国内の畜産農家に買ってもらえるにすぎない。

乳牛はもともとそんなに穀物を食べる動物ではない。マメ科の牧草を給餌したいところだが日本の土壌・気候ではイネ科の雑草が繁茂しやすく、マメ科の牧草は育ちにくい。いきおい、輸入に頼ることになるが、牧草は軽量で嵩がかさむうえ、防疫上の問題もある。同じ輸入するならば穀物をということになる。穀物は高価だが泌乳量が多くなるのでそれでもとをとればよいという発想だ。だが、これは、乳牛の健康に悪い。実際、日本の乳牛は下痢、乳房炎、ヨーネ病、またさきなどの疾病に悩まされがちだ。疾病のリスクは年齢とともに上昇するので、若いうちに搾れるだけ搾ってさっさと廃牛にしてしまおうという傾向がある。こういう「使い捨て」のような無理な飼育をしてまで日本で酪農をしなければならないのか、再考するべきではないか。

もともと、日本人を含む東洋系の民族は生乳を消化しにくい体質の割合が多い。チーズやヨーグルトなどに加工すれば消化しやすくなるが、それならば、乳牛に適した環境の豪州などから加工品を輸入するほうが合理的だ。

そもそも、家畜はもとをたどれば野生動物だ。人間に有用な形質のものを集めてきて、人間の管理下で育てるようになったのが畜産の起源だ。ところが、日本の畜産は、その真逆をやっている。日本人が長らくタンパク源としてしてきたのは、内水面・沿岸の魚介類だ。農薬、土木工事、乱獲、食生活の簡便化、ブランド信仰、によって、豊富な内水面および沿岸の漁業資源を破壊し欧州から連れてきた家畜を飼っているわけだから、野生動物と家畜が断絶している。このような日本の畜産のいびつさをそのままにして、補助金の大量投入で飼料自給率を上げようというのだから支離滅裂だ。

皮肉なことだが、国内の水稲作の農業者からは、飼料自給率引き上げのための補助金を歓迎する傾向がある。この補助金は生産量ではなく作付面積を単位に支給されるので、豊作でも凶作でも同じ金額となり、確実な収入だ。

飼料用米は家畜が食べるものだから食味を気にしなくてよいし、栽培管理も容易だ。だが、一度、農業者が容易なやり方になじむと、難しいやり方に取り組む意欲も能力も失われやすい。飼料用米を手掛けるようになって主食用米の栽培まで雑になるというのはよくあるパターンだ。

飼料用に開発された収量重視の水稲の品種もあるが、実際には主食用の品種をそのまま飼料用として栽培する場合が多い。この理由は、農業機械や乾燥調製施設が飼料用と主食用で共用になる場合が多く、両者が混じるリスクがあるからだ。このような混入は流通での信用を失う。飼料用米を扱うか主食用米を扱うか、切り替えの際にすみずみまで洗浄するなど管理を徹底すれば混入を避けられるが、管理に不安があれば、最初から主食用米の品種を栽培して飼料用に出荷するという選択になる。かくして、日本人の主食をそのまま家畜に食べさせるということになるのだが、そうなるとますます品質のよい米を作ろうという意欲がそがれる。

玄米流通の意味

もともと日本は水稲作のほぼ北限にあたるため、玄米という独特の携帯での米流通がおこなわれてきている。水稲は通常は籾の状態で収穫される。実際に食用にするときは精米の状態だ。このため、世界的には、米は籾か精米で流通するのが普通だ。籾の状態では穀粒が外皮に包まれているため、品質が判定できない。籾から籾殻とぬか層を除去した精米状態ならば品質はわかるが、精米は品質の劣化が早いので、流通の最終段階近くでなければ適切ではない。

玄米は、籾から籾殻のみを取り除いており（これは「脱稃」と呼ばれる）、穀粒の品質がわかる。玄米は籾よりも傷みやすいが精米に比べれば長持ちする。こういう微妙な形態で流通できるのも日本が水稲作の北限で、他の米食文化圏の国々よりも気温が低いからだ（古賀［2021］）。玄米流通のおかげで、農家が出荷する時点で穀粒の品質がわかる。それゆえに生産者が品質向上の意欲がわきやすい。ところが、せっかくの玄米流通のメリットも、飼料用米では品質をあまり気にしなくてよいので無意味になる。

もしも米を飼料用として使うというのならば、損傷を減らすために籾の状態で流通させるべきだ。玄米流通を廃止してでも（つまり主食用米の品質をさらに低下させてでも）飼料用米を増やすという覚悟がないのならば、軽々に飼料用米振興などと言うべきではない。

近年、就農人口の減少への対応として、営農組合と呼ばれる独特の生産者組織が各地で形成されている。集落の農地の所有者が集まって少数の耕作者（オペレーターと呼ばれる）に農地利用を委ねるというもので、その設立には農林水産省や地方自治体からの補助を受けることが多い。営農組合を作ると、個々の農地所有者は自ら農業機械を買ったり、農作業をしたりする必要もない（営農組合に除草などの補助的な作業に出役して時給の賃金を受け取ることはある）。集落の農地がまとまって使えるので、大型の農業機械を導入して省力的に農業ができるという仕組みだ。この営農組合では、水稲の生理よりもオペレーターの作業の都合を優先して栽培計画をたてる傾向が強く、農薬を多投したり、重たい農業機械が圃場で動きやすいようにするために農地の水分を生育上の好適な状態よりも少なくしたりする。こうなると、どうしても作物の品質管理が低下する。そういう営農組合にとっては、品質を気遣わない飼料用米は「救世主」だ。

飼料用米の今後

飼料用米への補助金は、もとをただせば国民の税金や国債（将来世代からの前借り金）だ。わざわざ農業者の腕前を劣化させるためにこのようにして国費が浪費されているのは悲しいことだ。

図1にみるように、穀物価格は上下振動する。ここ数年、穀物価格が高めでも、いずれ低下するときがくる。その際、さらなる補助金がなければ飼料用米栽培は成り立たない。しかし、いったんラクをすることを覚えた農業者が主食用米栽培に戻るかどうかは疑わしい。とくに、オペレーターの確保に苦労している営農組合が多く、飼料用米から食用米への切り替えはよけいに難しく、下手をすれば営農組合が破綻しかねない。

穀物の国際価格が低下局面に入れば、目下飼料用米を栽培している者から補助金の増額が要求されるだろう。とくに、営農組合はその設立にあたって、地方自治体の議員など、地域の有力者がかかわっている場合が多いだけに、そういう要求を無視して破綻させるわけにはいかない。農林水産省の補助金で足りなければ、いろいろと名目をこしらえて無理やりでも公的資金を注入するのではないか。

3　伝統農法、伝統食の重要性

世界文化遺産に指定されるなど、和食が注目され、世界的なブームになっている。その半面、かつて、各家庭で連綿として受け継がれてきた伝統的な調理法や保存法が失われ、伝統食が消えていく傾向がある。野菜の品種改良が急速に進み、伝統食の素材自体が手に入らなくなりつつもある。

時代とともに世相が移ろうのは当たり前であり、懐古主義的に伝統を称賛するのは生産的でない。しかし、伝統食の消失は将来世代に実害を与える可能性が高い。食文化研究者の河野友美は、「食べものは、日常的に意味を含んで生き延びるために出来上がってきたものだ。とくに、その調理法や保存法の歴史の中には、重要かつ健康へのカギがかくされているとも考えられる」とし、高度経済成長期以降に急速に伝統の調理法や保存法が失われていく現状に対して「いままで経験しなかったものが、健康上に襲い掛かるかもしれない」として「ある恐ろしいものも感じる」と表現している（河野[1990]）。

和食と伝統食を区別する際に、建築家の野田隆史の和風建築と伝統建築の区別が参考になる（野田［2021］）。野田は、西洋建築に日本人の好みを取り入れてアレンジしたものを和風建築、長年にわたって日本に定着している建築物を伝統建築と表現している。前者の具体例として奈良ホテル、後者の具体例として寺社の様式をあげている。食事でいえば、牛丼やしゃぶしゃぶが和風建築の相似物、山野の薬草を使った保存食が伝統建築の相似物と言えよう。

以上は伝統食についての議論だが、伝統農法・伝統漁法についても同様だ。科学的探究は決してたゆんではならないが、科学が万能だという思い込みは危険だ。人智に限界がある以上、伝統的なものを残しておかないと、未知の事態に遭遇したときの対応ができない。

兵庫県豊岡市では、冬期湛水と農薬不使用の伝統的な水稲作がおこなわれている。これは豊岡市に奇跡的に生き残った天然記念物のコウノトリが、水田で餌を集められるようにという配慮で、「コウノトリ育む農法」として知られる。実のところ、二〇〇五年にコウノトリの野外放鳥が始まったとき、農薬を積極的に使い、冬期は乾田化するという近代的な農法がすっかり定着していて、伝統的な水稲作の仕方が農業者にもわからなくなっていた。農業機械メーカーの協力なども得て、なんとか伝統農法を再現したのだが、伝統農法を侮ってはならないという教訓とするべきだろう。

残念ながら、伝統漁法の消滅も著しい。藤井［2019］は、一九六〇年ごろまで、琵琶湖では獲りすぎを回避して漁業資源を確保しつつ日々の食材として漁獲する伝統漁法がさまざまにあったが、いまはすっかり消滅していることを指摘している。

4　アンチ地産地消

「チーズ―ワイン―サイレージ」vs.「味噌―日本酒―たい肥」。いずれも「副食―アルコール飲料―農業資材」という組み合わせだ。そして、欧州と日本の文化（それは気候に立脚している）の違いをよく表現している。欧州は徹底して嫌気発酵で、発酵を始めるところまで人間が準備すれば、あとはじっと発酵が進むのを待てばよく、人間がそのプロセスを邪魔してはいけない。他方、日本は徹底して好気発酵で、攪拌するなど人為を不断に投下しなければならない。日本のように湿度が高いと、なんでもすぐに腐乱してしまう。それを避ける術が好気発酵なのだ。

発酵に限らず、欧州では、「放置」で食材が出来上がる。たとえば、肉を風にさらすだけでハムを作る。ただし、風や日光や温湿度は地域によって微妙に異なっているから、地域によってチーズでもワインでもハムでも、微妙に味が異なる。それを地域の文化として大切にしようというのが欧州で発達した農産物の原産地名称保護制度だ。パルマハム、シャンパンという具合に、当該地域で生産された素材を使って当該地域に独自の産地認証制度だ。

日本で、この欧州の制度をまねようという動きがある。あるいは、「地産地消」と称して、地元の農産物を食べることがよいことであるかのように喧伝されがちだ。だが、それは日本の食文化を勘違いしているのではないか？　河野［1990］は調理の食材について「もともと島国の中では、なるだけ遠いところから運ばれたものほど尊いという感覚がある」と指摘する。

たとえば、出汁は料理のベースで、地域ごとに違いがある。ところが、出汁の原料が地元の産品というのはむしろ稀で、北海道の昆布だったり、鹿児島の鰹節だったりと、遠隔地だ。原料の使い方に地域差があるのであって、地場でとれたものを使うかどうかは副次的な問題でしかない。

藤井［2019］も、伝統食として「地魚料理」があるが、食材の魚は必ずしも地元のものではなく、料理方法が地元の暮らしや気候に合致して育まれたことを強調している。

地酒ブームで地酒が消えた

もっともわかりやすいのは地酒だろう。「宅急便のおかげで地酒ブームが起きた。地酒ブームのおかげで地酒が消えた。」上川大雪酒造の川端慎治杜氏の言だ。よくも悪くも、日本酒の世界は古いしきたりが残存しがちで、地方の酒蔵が自由に自分の酒蔵で醸造した日本酒を流通させるのは難しい時代が長く続いた。これを一転させたのが宅配便の発達だ。送料さえ払えば、全国各地にいつでも好きなだけ送れるようになった。これが旧来の流通に風穴をあけ、それが引き金となって酒類のディスカウント店のチェーン展開など、日本酒の流通が多様化した。この結果、膨大な人口と購買力を持つ大都市の消費者が地方の酒蔵に注目するようになった。これが川端杜氏の「宅急便のおかげで地酒ブームが起きた」の意味だ。

だが、このことは、どの酒蔵も大都市部の消費者の好みに合わせた醸造をするようになり、地酒の画一化を招いた。これを川端杜氏は「地酒ブームのおかげで地酒が消えた」と表現する。もともと、地方の酒蔵は、地方ごとの生活水準・生活習慣を色濃く反映した日本酒を造っていた。たとえば、漁師町では甘ったるくて低価格の酒が好まれる傾向があるが、これは重労働のあと、刺身を醤油にどっぷり漬けて、酒の肴にしたからだ。東北の雪深い農村で、熱燗に適した安価な酒が好まれるのも、体を温めるためにひんぱんに酒を飲んだからだ。そういう、元々の地酒が消えて、どの酒蔵も都会人の好みに合わせた日本酒を造るようになり、どれもが似たり寄ったりになってしまった。これが川端杜氏の「地酒ブームのおかげで地酒が消えた」の意味だ。

もともと日本酒は必ずしも地元産の米に固執していたわけではない。灘と伏見は酒造の二大産地だが、水稲栽培の適地ではない。江戸時代に米問屋が発行する米の保管証書が貨幣代わりになっていたことでもわかるように、米は全国的に流通する。主食である米をわざわざ手間ひまかけて酔っぱらうための飲み物にするのだから日本酒はぜいたく品だ。どこの産地からだろうと酒造に適した米を使ってぜいたくを満喫すればよいのだ。

ところが、上述のように「地酒ブーム」のおかげでどの酒蔵も似たような日本酒を造るようになった結果、何とか差別化したいとして、「地産地消」を宣伝文句にするべく、地元産の米を使いたがるようになった。つまり、本来の地酒がなくなることと、地産地消が同時進行するという皮肉な現象が起きた。

移動性の高い人々の重要性

見落とされがちだが、日本には、もともと、ひとところに定住せず、頻繁に移動する人口がかなりいた。もともと、日本の山には建材用の木のほか、樹脂、薪炭、薬草、キノコ、山菜、木の実など、豊富な資源があった。林業のほか、たたら製鉄、採石、狩猟、といった、労働需要に季節性が強い仕事も多い。木地師、マタギ、修験僧、馬喰、猟師、旅芸人が典型だが、それ以外でも、お互いに連絡をとりながら移動しまくる人々が独自のネットワークを形成していた。

日本列島はユーラシア大陸の東端の中緯度地帯で、日本海という高温の海面の上を通過した風が山がちな地形にぶつかるため、わずかな移動で劇的に気象や植生が変わる。このため、地域間で交換の利益が大きい。移動性の高い人々は、行く先々で物資を売買することで稼ぎになる。定住している人々は、移動性の高い人々から、自分たちの生活スタイルに合った食材を入手できる。双方にメリットがあり、伝統食の材料が遠隔地になるのもまったく自然なことだ。

私の郷里は「山陰」といわれるほど晴れの日が少ない。子供のころからわが家の信仰の関係で岡山にときどきでかけたが、中国山地の反対側があまりにも明るいのがうらやましかった（岡山は「晴れの国」を観光キャンペーンにするぐらい日照が豊富だ）。冬場の山陰は農業も限られる。学校や年金といった「地縛」がない時代ならば、冬の間だけでもよそに行くのはごく自然な行動だ。

明治維新以降、日本人の定住化が進んだ。とくに日本社会が国家総動員体制へ向かう局面では定住化が徹底されたものと思われる。移動性の高い人々の活動は記録として残りにくいが、彼らの重要性を看過してはならない。

逆にいうと、現在の日本の地産地消にはいびつさがある。たとえば地元産のイチゴを材料にしたスィーツが地産地消として売られるのをみかける。現在日本で人気のイチゴは外国で誕生した品種を基礎にしていて、温室内で人工的に作られた土壌（ないし土壌代替物）で栽培される。イチゴの収穫やスィーツの加工には外国人技能実習生が携わっている場合も珍しくない。それでも地元というのにどれだけの意味があるのか。

消費者の間には、地元の方が鮮度がよいとか割安になるというイメージがあるようだが、これもかなり疑わしい。今日の流通技術は発達して、遠隔地からも新鮮なものが入荷できる。小売価格にしても、小売店の店先で小分けしたり、そうざいなどに加工したりという、利便性を高めるためのサービスがかさんでいる。

家庭の冷蔵庫の整理をしたり、劣化を遅らす調理を施したりする方が、鮮度管理や費用削減のうえでも効果がある。いじわるな言い方をすると、そういう地道な努力を怠って、代わりに地元産をあがめることで問題から逃避しているのではないか？

かりに地産地消というならば、海外由来の品種の作物や家畜についてではなく、山菜、タケノコ、腐葉土、榊、稲わら、内水面漁獲物など、まさに日本の風土に適した動植物で、長距離移動にはあまり適さず、各地で伝統的に消費されてきたものの復活をめざすべきではないか。それらは、衣食住の全般を金銭的にも精神的にも豊かにする。とくに地元の山の手入れをして薪炭を利用するのは、経済、環境、教育のすべての点で好ましい効果を持つ（第七章で再論する）。これらは天の恵みとして日本の各地に与えられたものなのに、現代の日本人はそれをみすみす見捨てているのだ。

地産地消を提唱する人たちが、と畜場についてほとんど言及しないのもつじつまが合わない。食肉の味の半分はと畜などの食肉工場で決まる。そして、日本のと畜場の多くが、老朽化や狭隘化に悩まされている。改増築や移築しようにも地元から迷惑施設の扱いを受けてまならないというのはよくある話だ。畜産農家がわざわざ遠隔地のと畜場に家畜を出荷するときもあるが、これは家畜にストレスを与えて食肉の味を悪くする。地産地消を言いながら地元のと畜場の問題に向きあわないのは不当だ。

5　リーマンショックとコロナショックと農業ブーム

二一世紀になってまだ四半世紀にもならないが、日本経済は二つの大激震を受けた。ひとつは二〇〇八年のいわゆるリーマンショックで、もうひとつは二〇二〇年のコロナショックだ（リーマンショックは和製英語に近く、国際的には The 2008 Global Financial Crisis などと表記される）。この二つのショックは、日本農業に奇妙な影響を与えた。リーマンショックが引き金となって、政界・財界・報道界・学界がこぞって日本農業の礼賛を始め、「農業ブーム」と呼ばれる社会現象が起こった。しかしその熱狂的礼賛がコロナショックでぴたりと止んだ。以下では、「農業ブーム」の顚末を追うことで、日本農業の虚実を論じる。

ウルグアイ・ラウンドまでの日本経済

「農業ブーム」の直接の火つけ役は財界（製造業者の団体）だ（決して農業者ではない）。そこで、まず、製造業者の事情から説明しよう。日本の製造業の絶頂期は一九八〇年代だ。当時の日本の工業製品は高品質・低価格という強い国際競争力を誇り、「ジャパン・アズ・ナンバーワン」が国際的な流行語にもなっていた。対照的に、当時の欧米各国は、工場閉鎖とそれにともなう大量の失業に悩まされていた。

一九八〇年代、日本の工業製品輸出は「集中豪雨的」と揶揄され、欧米各国から反発を買った。とくに対日貿易赤字が膨らんだ米国からは、ジャパン・バッシングと呼ばれる日本製品への拒否運動まで展開された。

他方、農産物においては、日本は関税や数量規制など、さまざまな輸入規制を課していた。そもそもガットが工業製品を念頭に置いて発足したとはいえ、確かに、これでは日本の貿易政策がアンフェアと映る。とくに、日本が米については全面的な輸入禁止（泡盛原料米輸入など、極めて限定的な場合に限り認められていた）をしており、米の輸出能力が高い米国から厳しく批判された。

日本の貿易姿勢が厳しく批判されたのが一九八六年から八年がかりで続いたガット・ウルグアイ・ラウンドと呼ばれる多国間交渉だ。この交渉は、ガットの枠組みの中でさらなる自由化を推進するとともに、世界貿易機関（英語からの略称であるＷＴＯで表記されることが多い）の設立をめざすきわめて重要なものだった。

交渉が進むにつれ、少なくとも日本が米の輸入を認めなければ日本がガット・ウルグアイ・ラウンドから離脱せざるをえない状況まで追い込まれた。もし離脱となれば、日本は工業製品の輸出が自由にできなくなり、まさに亡国の危機に陥る。この状況で、日本政府に米をはじめとする農産物の輸入拡大を求めて、財界が持ち出したのが「国際分業論」だ。各国が国境障壁を撤廃し、各国が得意な分野の生産・輸出に専念し、不得意な分野の生産を縮小して輸入品で置き換えれば、すべての国でGDP増大などの経済的利益が得られるという考え方だ。要するに、優勝劣敗（敗者は退出して勝者が前進する）という市場経済のメカニズムをエレガントに表現したものだ。入門レベルの経済学の教科書でもとりあげられるほど基本中の基本の理論だ。

これに対し、JAなど農業団体は、日本人の主食である米を輸入に頼れば、国家を危機に晒すとして、輸入禁止の継続を主張した。この議論は食料安保論といわれ、論理的な整合性があるかは異論が多々あるが、一般消費者の情緒に響いた。当時の世論調査では国民の七割が米輸入禁止に賛成という回答だった（『日経流通新聞』一九九二年六月一一日付五面）。

結局のところ、ミニマム・アクセスという数量枠を設定して日本政府は米輸入を認め、ガット・ウルグアイ・ラウンドは終結した。この際の日本政府の対応は国民の間で不評で、当時の細川護熙内閣は急速に人気を失い、その後の退陣へとつながった。

財界による「攻めの農業」の背景

ふりかえってみれば、ガット・ウルグアイ・ラウンドは、日本の製造業が元気だった最後の時期だ。一九九〇年代に中国をはじめとする新興勢力が急速に工業製品の国際競争力を強め、国際市場で日本の製造業のシェアを奪っていった。他方、日本経済は「失われた二〇年（三〇年とか四〇年と呼ばれるることもある）」といわれるほど長期の不振に沈む。とくに、二〇〇〇年代に入ってからは、日本を代表する製造業のはずの家電、自動車、鉄鋼で巨額の赤字や事業縮小が相次いだ。このような情勢にあって、財界から「国際分業論」を唱える声が消えた。代わって、財界が唱え始めたのが「攻めの農業」という考え方で、典型的には、日本経済調査協議会（財界系シンクタンク）が二〇〇四年に取りまとめた「農政の抜本改革」という政策提言で、その内容は下記の六点に要約できる。

①　日本農業は高い潜在的競争力を有する。
②　ところが、現在の農家や農業団体は旧弊に染まっていてその潜在的競争力が発揮できていない。
③　農外の企業が農業に参入すれば、そういう旧弊を打破するような新たな経営や技術が導入される。
④　六次産業化（第一次産業である農業の生産物をそのままで売るのではなく、第二次産業である加工や第三次産業であるレジャー・観光・食堂などに結合させること：1＋2＋3＝6という語呂合わせ）が農業を活性化する。
⑤　農外企業は六次産業化に長けている。
⑥　政府は農外企業の農業参入や六次産業化のために制度的・資金的な支援をするべきだ。

「攻めの農業」は国際的分業論のような論理的な根拠があるわけでもないし、ましてや実証的な根拠があるわけでもない。もっぱら情緒的判断を連ねたもので、その意味では「食料安保論」と類似している。

「攻めの農業」の肝は財界が農業参入を口実に日本政府からの保護を引き出しにかかったことだ。財界としては「もう中国などの攻勢の前には国際市場で勝てないから日本政府の保護が欲しい」とはいい出しにくい。かつて優勝劣敗の国際的分業論を提唱してきたという体面が製造業者にあるからだ。また、ＷＴＯは製造業に対する直接的な保護を禁じており、その意味でも財界は自らの職種への補助金を求めにくい。そこで、農業をダシにして、保護を受けようというのが「攻めの農業」の要点だ。財界からすれば、ガット・ウルグアイ・ラウンドのときは、さんざん農業への過保護を目の当たりにして苦々しく思っていたが、今度はそれを逆用しようという魂胆だ。

ただし、農産物を作るのは工業製品を作るのとは勝手が違う。農業機械や資材を買いそろえれば、一応、作物は育つ。しかし、そういう素人農業では収量や品質が安定しない。そういう弱点をカバーするべく加工や宣伝などに力を入れるというのが六次産業化の美名に隠された本音だ。それは調理などの家事に手間をかけたくないという消費者の利便性志向にも同調する。

反中感情

「攻めの農業」は、農業政策の関係者の間ではある程度の波紋を呼んだが、社会的現象となるまではいかなかった。ところが、二〇〇八年のリーマンショックが農業に対する世間の風向きを変えた。リーマンショックは二〇〇八年九月に米国の不動産ローンの大量焦げつきが発覚したのが契機となって始まった世界的な不況だが、その打撃は日本でとくに大きく、二年間で日本の名目GDPが八パーセント低下した。日本の商工業は色あせ、もはや欧米諸国からジャパン・バッシングを受けることはなくなった。それどころか、ジャパン・パッシング（「日本は相手にするにも値しないので素通りする」という意味）という言葉さえ生まれた。

他方、中国はリーマンショックの影響が軽微で、高い経済成長を続け、ついに世界二位のGDP大国の座を日本から奪った（厳密には二〇一〇年に中国のGDPが日本を追い抜く）。

このような情勢下で、中国の急成長のおかげで日本は不況になったのだという短絡的な見解が日本国内で拡がった。おりしも、いわゆる歴史教科書問題を引き金に二〇〇五年に中国の主要都市で反日暴動が起きたことで日本国内に反中感情が醸成されていたことが、そういう思考を助長した面もある。

かくして、経済停滞の閉塞感と中国をはじめとする新興国への敵愾心が高まっていき、いわば逃避的願望として日本がまだ世界に誇れるものがあるはずだ（とくに中国に対して優越感にひたれるものがあるはずだ）という思考が芽生え、その受け皿として日本農業がとりあげられるようになったのだ。

二〇〇〇年代は、日本の生協が中国から輸入した餃子から猛毒が検出されたり、中国国内でメラミン混入牛乳が流通して乳児が深刻な病気になったりするなど、農産物がらみのスキャンダルが中国で続発した。農業や食料の話題ならば、中国に対して優越感を維持できそうだという情緒が日本社会に湧いた。

実際には、中国をはじめとする新興工業国は農産物でも品質向上は目覚ましい。世界でも最先端クラスの素晴らしい取り組みが中国で着実に増えている。もちろん、劣悪な畜舎や農場も残っているが、それらが淘汰されていくのは時間の問題だ。ただ、農産物の場合、新興国の追い上げが見えにくくなる要因が二つある。

第一は流通経路の整備に時間がかかることだ。食料品は腐敗など劣化が早いうえ、最終需要者は個々の家庭という小口で多種類の消費を短い時間間隔で頻繁におこなう。生産者も製造業に比べると格段に小さい（もっとも、巨大農場が増えつつあるが）。このため、生産から消費まで、冷蔵庫などのハード面、在庫管理・配送計画などのソフト面が確立しなければ、流通の経路で品質が悪化してしまう。ハード面・ソフト面の整備には、共同倉庫の建設やソフトの開発・利用にかなう人材育成など社会的投資が必要で、個々の企業でできることが限られている。いずれは流通経路が整備され、高級農産物が効率よく生産・消費されるようになるだろうが、それまでは、栽培や飼育の技術が上がっても、ただちに高級農産物の増産とはならない。日本は、コンビニエンス・ストアや宅急便にみられるように、きめの細かい流通システムをすでに確立しているので、一日の長がある（もちろん、その有利が消えるのも時間の問題だが）。

第二に、そしてより重要なことに、農産物は工業製品のような規格化がしにくい。このため、客観的証拠をともなわないまま、日本の優位を夢想しやすい。

日本農業への虚構の礼賛

かくして、リーマンショックが深刻化するにつれて、農業が美化され、いろいろな夢物語が報道されるようになった。攻めの農業、六次産業化に加え、定年帰農、半農半X、地産地消、里山資本主義など、さまざまなスローガンやキャッチ・コピーが生成ないし普及した。科学技術を駆使したハイテク農業が礼賛されることもあれば、人為をとことん排して自然にゆだねるという粗放農業が礼賛されることもあった。シブヤ米と称して、若い女性が田植え体験をした米や、元五輪メダリストやプロ野球選手の名前を冠した農産物が高値で売り出された。世界的権威の宗教家に米を献上したとか、農業がらみの話題が常にマスコミをにぎわした。相互に矛盾していようが、それぞれのストーリーにどれだけ信ぴょう性があるかは不問のまま、各人各様に夢を描いた。書店では農業コーナーが設けられ、農学部を新設する大学まで現れた。

このような風潮を政治家が見逃すはずがない。農業ブームのなか、日本農業を賛美することが、農業者というよりも都市の有権者をひきつけるために有効な作戦になった。

リーマンショック以降、菅義偉が総理大臣に就任するまで、総理大臣が五回変わった。麻生太郎（二〇〇八年九月から二〇〇九年九月）、鳩山由紀夫（二〇〇九年九月から二〇一〇年六月）、菅直人（二〇一〇年六月から二〇一一年九月）、野田佳彦（二〇一一年九月から二〇一二年一二月）、安倍晋三（二〇一二年一二月から二〇二〇年九月）だ。いずれの総理大臣も、農業は成長産業と宣言し、農業政策を経済政策の目玉に据えた。典型的なのが安倍政権だ。「農業ブーム」以前の二〇〇六年九月から約一年間が第一次安倍政権だが、このとき、安倍氏は特段に農業政策を強調しなかった。ところが、二〇一二年一二月に安倍氏が政権に復帰するや否や、アベノミクスと称する経済政策パッケージの一環として成長産業の育成をあげ、農業をその最有力として指定した。

だが、第一次安倍政権退陣後、外国人研修生・技能実習生（日本農業は彼らなしには成り立たない）への人権侵害に対する国際的批判が高まり、二〇一〇年の口蹄疫禍、二〇一一年の放射能汚染と、日本農業の客観的状況は悪化していた。つまり、農業の実態を反映してではなく、先述したリーマンショック以降に日本社会に蔓延した逃避行的思考への迎合として農業を成長産業に指定したのだ。

かくして財界が主張する「攻めの農業」を政府が積極的に取り入れるようになった。政府は、伝統的な農業者を対象にするのではなく、農業参入（六次産業化を含む）の意向を持つ商工業者を念頭に置き、制度や補助金の設計を見直すようになった。たとえば、農地法を頻繁に改訂し、これまで農業に携わっていなかった者にも農地の利用権取得が容易なようにした（ただし、これは条文の表現の問題であり、実態としては利用権と同等の権利を得ることは可能だったので、一連の農地法改訂以前に実質的にどれだけ利用権取得が制限されていたかは慎重に判断するべきだ）。六次産業化支援のために大型の補助金が設計されるが、受給の申請がきわめて煩雑で、くわえて農外の商工業者との連携が不可欠なため、個々の小規模な農業者に無理なのはもちろん、ＪＡでも手に余りかねないもので、もっぱら商工業者を助けるものだ（もっとも、六次産業化の「認証」という肩書だけ与える制度があり、これは小規模な農業者でも無理なく受けられるが、これは六次産業化を美化するイメージ作りとして小規模な農業者が利用されているのだ）。

近年、収益の変動に対する保険型の農業補助金が増えているのも、農外からの参入支援になる。農外からの参入は農業機械に頼った硬直的な農作業になりやすく、ちょっとした気象変動などに対して脆弱になる。その心配を保険型農業補助金は緩和する。逆にいうと、腕のよい農業者は少々の気象変動があっても安定的な収穫をあげられるのだが、そういう農業者は保険型補助金の恩恵にはあずかれない。つまり、保険型の農業補助金を増やすことで、日本農業の劣化を助長しているという見方ができる。

農業ブームの不完全な鎮火

農業ブームの盛衰を数量的に把握するのは難しいが、ひとつの試みとして、「農業」と「成長産業」

をキーワードに検索して、ヒットした新聞記事の数で測ってみよう。いわゆる四大紙（朝日、日本経済、毎日、読売）を対象に一年ごとに集計したのが表3だ。農業ブームは二〇〇九年に始まり、二〇一三年にピークに達したことがわかる。その後、漸減傾向に転じるが、二〇〇九年以前に比べると高い水準を維持したが二〇二〇年に一気に低下し、二〇〇九年以前と大差なくなる。つまり、二〇二〇

表3　「農業」と「成長産業」を含む記事の数

年	朝　日	日　経	毎　日	読　売
2000	9	1	2	8
2001	6	5	2	4
2002	4	2	5	5
2003	3	1	4	2
2004	0	1	4	2
2005	2	1	3	4
2006	2	2	2	1
2007	4	1	1	0
2008	5	3	1	4
2009	18	21	24	16
2010	15	20	11	22
2011	19	24	20	16
2012	34	24	41	40
2013	43	65	54	64
2014	40	46	53	59
2015	21	34	44	45
2016	30	26	38	49
2017	32	10	19	34
2018	20	13	8	20
2019	23	11	11	21
2020	6	6	7	8
2021	11	11	4	9
2022	13	6	2	22
2023	3	15	3	17

注：朝日新聞記事データベース聞蔵Ⅱ，毎日新聞記事データベース毎索，日本経済新聞記事データベース日経テレコン，読売新聞記事データベースヨミダス歴史館より著者が作成。

年で「農業ブーム」は終焉と見ることができる。

この背景には、コロナショックがある。実は、「農業ブーム」の華やかさとはうらはらに、日本農業は、長年、構造的な問題に悩まされていた。具体的には①飽食と人口減にともなう農産物需要の減退、②日本人が幼少期から屋外活動をしなくなった結果としての農作業能力の低下、の二点だ。これらの問題を解決しうる道筋は外国人の活用だった。二〇〇三年一月の小泉内閣による観光立国宣言以降、政策的後押しも受けて、訪日外国人数は順調に増加し、彼らは日本の農産物に対して旺盛な購買意欲を呈した。また、技能実習などの名目で訪日する外国人労働者が日本農業の働き手になった。ところが、コロナ対策として観光客も労働者も入国が著しく制限された。これにともなう日本農業の困惑がマスコミでもさかんにとりあげられ、農業で夢物語をしにくい雰囲気になった。実際、コロナショック下の二〇二〇年九月に発足した菅政権からは、「農業は成長産業」のそれまでの歴代政権が好んで使ってきた決まり文句が出ないまま、二〇二一年一〇月に退陣した。

また、財界も、コロナショックが一種の天災であるがゆえに、農業をダシにしなくとも、政府に堂々と救済を求めることができるようになった。財界にとって農業の利用価値が激減したのだ。

ちなみに二〇〇八〜二〇一九年の間で農業のＧＤＰは年平均名目〇・一パーセント（実質マイナス三・二パーセント）の成長にとどまり、同時期の日本経済全体の年平均成長率の名目〇・六パーセント（実質〇・四パーセント）を大幅に下回る（数値は内閣府発表の二〇一九年度国民経済計算による）。「農業ブーム」のさなかでも農業は成長産業どころか日本経済の足かせだったことがわかる。夢と現実は違うのだ。

とはいえ、日本社会から逃避的願望が消えたわけではない。中国に対する敗北感を吹っ飛ばしてくれるような景気のよい話題に日本社会は飢えている。逃避願望的に虚構の「農業ブーム」が再発火する可能性はじゅうぶんにある。

6　有機栽培の虚像

米を有機栽培と表記して売るためには、農林水産省に認定された団体の検査を受けて、禁止された農薬・肥料を使っていないなどの農林水産省が定めた要件を満たしていることを証明してもらわなくてはならない。この制度はＪＡＳ有機と呼ばれる。問題は、ＪＡＳ有機の要件が必ずしも的確とはいえないことだ。粗悪なたい肥をまいて地下水汚染などの自然環境破壊をしたり米の品質が劣悪だったりしていても有機栽培を表記するうえでは原則として不問だ。害虫駆除のために牛乳をまくという手法があり、これが作物の安全性を毀損したり自然環境を破壊したりするとは到底考えられないのに、ＪＡＳ有機はその手法を認めない。また、栽培方法も米の品質も良好なのに、検査料が高くて（とくに小規模生産ほど割高）、有機栽培の表記を断念することも珍しくない。

農林水産省による有機栽培の認定制度が発足したのは二〇〇一年だが、直近時点（二〇二一年四月調査）で、有機栽培状態にある農地は全農地面積の〇・三五パーセントにとどまる。二年前、農林水産省は「みどりの食料システム戦略」を発表し、二〇五〇年までにこの数値を二五パーセントに引き上げるという目標を掲げ、有機栽培への転換に補助金支給を始めた。「みどりの食料システム戦略」に対応して、農業関連の諸企業が、有機栽培の要件を満たしつつ害虫や雑草を防除するための商品開発に力を入れている。

二五パーセントという数値目標が実現困難だという批判がよく聞かれる。その一方、もしも実現したとして、ほんとうに日本農業が改善するのかについては議論が抜け落ちがちだ。何のために有機栽培をするのか？

中道唯幸さんの有機栽培

この問いかけを考えるうえで、参考とするべき事例を以下に紹介する。滋賀県野洲市で、三三ヘクタールに水稲を有機栽培する中道唯幸さん（一九五八年生まれ）だ。

中道家は二〇〇年以上続く由緒ある自作農だ。もともとは大阪府門真市で営農していたが、都市化の進展で、農地を売却せざるをえなくなった。中道唯幸さんの父親の中道登喜造さん（一九二九～一九九六年）は先取の気概が強く、代替農地を求めるにあたって、欧米型の大面積で高度に機械化した農業をしたいと考えた。平坦な水田が拡がる野洲市の比留田地区に目をつけ、一九七〇年に移住した。そして、当時もてはやされていた新たな農薬、化学肥料を積極的に導入した。

中道登喜造さんは気力も体力も満載の「ブルドーザーのようなオヤジ」（中道さんの表現）だった。中道唯幸さんが農業高校を卒業して後継者として就農した一九七七年、中道登喜造さんが、突然、高熱を出して寝込み、そのまま慢性的な体調不良に陥った。農作業中に農薬をかぶっているうちに、農薬を含む広範な化学物質に対して体が過敏になったためだと病院で診断された。

その五年後、中道さんにも登喜造さんと同じ症状が現われ始めた。自分自身の命を守るために中道さんは農薬の使用を減らしたが、減農薬での水稲栽培技術がわからず、大幅な減収になった。当時は食糧管理法の規制が強く、ほぼ全量を農協に出荷していた。食糧管理法下での米の品質評価基準では、農薬を減らしたからといって高値がつくわけでもない。登喜造さんがかつて農地の大規模造成をおこない億単位の借金も残っていた。妻子と体調不良の父親を抱える一家の柱として、中道さんには試練の日々が続いた。

一九九〇年代になって米の流通が自由化されると、中道さんの米を買わせてほしいという声が届くようになった。彼らの多くは、強度のアレルギーを抱える都市住民だ。農薬などの化学物質が残留する水田から収穫された米には病気を誘発する有害成分を含有するおそれがあるのだ。彼らからの要望にも促されて、農薬のみならず肥料も一切使わない自然栽培と呼ばれる農法にも中道さんは挑戦するようになった。栽培技術も販売戦略もまだまだ五里霧中だったが、中道さんにようやく有機栽培の光明が見えてきた。

中道さんの営農が安定してくるのが二〇〇〇年代中頃だ。努力の甲斐あって全般的に栽培技術が向上したことに加えて、ネット販売に優れた協力者を得たからだ。中道さんの米でなければ食べたくないという熱烈な顧客がついていて、コロナ禍にあっても販売が低下しなかった。「水田のルンバ」と呼ばれる無人ロボットを使って表土の攪拌による土壌改良を試行するなど、中道さんの探究心は飽くところがない。目下、パートを含めて七人の労働力だが、そのうち一人に、将来的に第三者継承（親族以外に経営権を授受すること）の予定だ。

中道さんの有機栽培の特徴は、雑草や害虫を水田から排除するのではなく、多様な動植物に囲まれながら水稲がたくましく育つ状態を志向していることだ。そういう「共生型」の水稲栽培は、気候変動に対して強靱で収量が安定するし米の食味も安全性も向上する。中道さんの水稲栽培では、水田に棲む諸生物の状況に応じた綿密な土壌と水流の管理が肝だ。そのためには生態学などの科学的な知識も必要だし全国各地の先行事例の学習など試行錯誤の連続だが、そういう苦労は楽しみでもあると中道さんは言う。

最近、外来種であるジャンボタニシが全国の水田で拡がっている。ジャンボタニシが雑草を餌にするので、有機栽培の水田で除草の手間を減らすとしてジャンボタニシを歓迎する有機栽培の農家もいる。しかし、中道さんは「水稲とジャンボタニシしかいない水田は不自然」という。中道さんの水田の中にも、ジャンボタニシが入りこんで雑草がなくてきれいに水稲が育っているところもあるが、中道さんは自分の管理が悪かったとして恥じている。

もともとは、水田は決して米だけを作るために使われてきたわけではない。さまざまな動植物が水田に棲息し、衣食住の材料にもなったし子供の遊び相手にもなった。それらを無視して米され作ればよいというのは発想の貧困ではないか。第一章で述べたように先進国の穀物の作りすぎが地球規模の弊害となっているという現状によって、水田では米作りをやめて、もろもろの小動物や植物（ドジョウ、カメ、ウナギ、フナ、レンゲなど）の生育のために使うという発想が必要ではないか。

有機農業の理由

いろいろな農業者が有機農業を掲げているが、その内容は多様だ。たとえば、日本の家畜は総じて不健康なので畜糞の品質も悪いとしてたい肥には畜糞を入れるべきでないという方針を持つ人がいる。地面の表土を大切にしたいとして「不耕起農法」に取り組む人がいる。すべての肥料投入を拒否する（有機肥料であっても投入しない）人もいる。

手法の違いに注目するよりも、むしろ有機農業をする理由によって分類するべきではないかと私は考える。比較的最近まで、有機農業の理由には、以下の五つがあった（重複を含む）と私は見る。

動機①：農業者自身の健康のため
動機②：農産物を買ってくれる消費者の健康のため
動機③：有機農業がおもしろいため（定型がないので独自の工夫の余地が多い）
動機④：金儲けのため（有機栽培というラベルを付けて高く売る）
動機⑤：自分は偉いというため（ほかの人たちがしないことをしていることを誇示したい）

農林水産省の「みどりの食料システム戦略」は、これに加えて、次の第6の動機を作ったと私は見る。

動機⑥：有機農業のための有機農業（JAS有機を名乗ることにどんな意味があるのかを不問にしてとにかくJAS有機の要件を満たすことが目的化する）

中道さんは、自分自身の生命維持のためにやむをえず有機栽培を始めた。やがて強度のアレルギー患者が顧客になり、彼らを助けるためという動機が加わった。さらには、水田に棲む多様な動植物（害虫や雑草を含む）とのコミュニケーションを満喫したいという動機も加わった。

中道さんの農地はほとんどがJAS有機を満たしているが、中道さんはJAS有機の不合理にも気づいている。「大事なのは作物を健康的に育てることであって、有機栽培かどうかにこだわるべきではない」と中道さんは明言し、「有期栽培＝善」という単純化に異論を唱える。

他方、農林水産省の「みどりの食料システム戦略」ではJAS有機を押しつけることが目的化しているきらいがある。農林水産省は何をもってJAS有機とみなすかを決める立場にあるので自らの権限強化となる。

「みどりの食料システム戦略」を受けて、さまざまな業者がJAS有機対応の新たな農業資材の開発に力を注いでいる。今後、農林水産省はJAS有機推進のためにふんだんに補助金を投入する見込みなので、それをあてこんでいるのだ。

JAS有機対応の農業資材を買いそろえ、JAS有機として認証してもらうための検査料を惜しまないという資金力依存で栽培技術が稚拙な営農が繁茂する可能性がある。そういう本末転倒な有機栽培は「なんちゃって有機栽培」と揶揄される。

作物の栽培経験が乏しい企業が農業参入すると、普通の農業だと既存の農業者にはなかなかかなわない。しかし、かりに買い手からJAS有機を義務づけてもらえれば、既存の農業者の多くは有機栽培をしていないから栽培経験の有無でのハンディは緩和される。

「みどりの食料システム戦略」と呼応するように、各地の小学校で食材をJAS有機にする動きがあるのも警戒を要する。「なんちゃって有機栽培」の農産物は品質が悪く、売り先に困りがちだ。そこで、学校給食が確実に買ってくれる（それも補助金付きで）のであれば売り先の心配がなくなる。だが、「なんちゃって有機栽培」のものを食べても子供の健康には資さない。つまり、学校給食といういかにも正当そうな看板を掲げつつ、子供の健康を犠牲にしてでも「なんちゃって有機栽培」を助長しようとしているのだ。

本来ならば、ＪＡＳ有機がほんとうに高品質や環境保護につながるのかをきびしく吟味することのほうが優先問題のはずだ。それを怠るのは、ＪＡＳ有機の暴走になりかねない。有機栽培を謳ってお金儲け（補助金獲得を含む）をしたり、世間の注目を得たり、有機栽培をしていない人（ＪＡＳ有機を認定されていない農業者）を卑下したり、など本末転倒の有機栽培が助長されかねない。

皮肉な見方をすれば、そういう本末転倒こそが農林水産省のねらいかもしれない。先述の「農業ブーム」でもわかるとおり、目下（そして、これからも）、農林水産省のホンネは商工業者をいかにして利するかだ。ＪＡＳ有機を掲げて農業参入する商工業者を支援したり、ＪＡＳ有機を満たす農業資材の開発をする商工業者を支援するのは、まさに「本願成就」だ。

「みどりの食料システム戦略」が、これまで真っ当に有機栽培に取り組んできている人たちを翻弄することも心配だ。彼らが「有機」という言葉によいイメージを世間に広めるべく、行政、マスコミ、研究者によってほめそやされてとりあげられるだろう。何かにつけて「ほめそやし」を受けているうちに、それまで真っ当だった農業者が歪んでいくという事例を私は、さんざん見てきた。

ジャンクフードと有機農業

有機農業といっても、いろいろなコンセプトや手法があることから、欧米では、さまざまな認証団体が設立され、独自の認証を発行している。米国農務省やEUも有機認証制度があるが、それは最低限レベルで、各団体は「上乗せ」でいろいろな条件を追加する。たとえば、家畜は人工授精ではなく自然交尾でなくてはならないとか、種子の管理方法に要件を課すとかだ。消費者は、自分が賛同する認証団体の検印を受けたものを買う。

日本の消費者はよく主体性の欠如が言われる。欧米のような有機農業の認証団体が日本では育たなかったというのも、その一例だ。なんだかんだいっても、日本の消費者は農林水産省に頼っているのだ。

ニューヨーク近郊の有機農産物ショップに行ったことがある。ポテトチップス、アイスクリームといったジャンクフードもさらには栄養サプリメントも原料が有機農産物だとして売られていた。不健康な食生活のまま農産物だけは有機農業でなければならないというのは、本末転倒だが、よし悪しの判断は別として、それが世界的潮流なのかもしれない。

第Ⅱ部　消費中毒と経済成長

人類は産業革命以降、二〇〇年にわたって、継続的な人口増加と消費水準の向上を続けてきた。なぜこのような奇跡的なパフォーマンスが実現できたのか？　これは経済史上の最大の問いかけともいえる。第Ⅱ部では、マルサス、リカード、マーシャル、リグリィ、モキール（Mokyr）、ルタン（Ruttan）、ヤング（Young）、速水佑次郎、斎藤修、猪木武徳らの先行研究を参考にしつつ、「消費中毒」という本書独自の概念を導入して、産業革命以降の経済成長メカニズムを学術的な見地から論じる。

第4章　消費中毒仮説

現代人の消費欲求はとどまるところがない。モノに溢れて飽食暖衣を実現しても、利便性の追求という形で消費の爆発は続く。この現象を説明するべく、本章では「消費中毒」という概念を提唱する。

1　標準的な経済学における消費者像

標準的な経済学では消費者（家計と呼ばれることもある）が主人公として設定される。生産者（企業と呼ばれることもある）は消費者から出資・融資を募ってそのお金で資本（建屋、機器などの総称）を設置し、消費者を労働者として雇用して、生産活動をおこなう。消費者自身は銀行などの金融機関にお金を預けるが、それが金融機関から生産者への出資・融資になるので、最終的な出資者・融資者（総称して資本家と呼ばれる）とみなされる。

生産者における生産活動で、アウトプットは生産物、インプットは生産要素と呼ばれる。消費者が提供する資本と労働が本源的生産要素、それ以外の生産要素は中間生産要素と呼ばれる（消費者は資本を提供する資本家でもあり労働を提供する労働者でもある）。たとえば自動車会社の場合、労働と工場の建屋や工作機械などが本源的生産要素、燃料や原材料が中間生産要素だ。なお、標準的なモデルでは、賃金率（時間当たりの賃金）、利子率、配当率、生産物価格、はすべて市場の需給バランスで決まり、個々の生産者や消費者にとっては所与となる。

生産物の価値から中間生産要素の価値を引いたものが付加価値、付加価値から本源的生産要素への支払い（すなわち、賃金、配当、利子：消費者の立場からすれば所得）を引いたものが利潤となる。なお、生産者の内部留保も未払いの利子・配当ないし賃金とみなして消費者に帰属すると考えられる。自営業の場合は、家族から労働と資本の提供を受けて生産活動がおこなわれていると擬制計算する。

消費者は「合理的」な行動をとると仮定される。ここでいう「合理的」というのは経済学に独特なもので、以下に詳述するように日常用語での「合理的」とはやや異なるので注意されたい。

経済学では消費者はどういう消費計画（商品やサービスの消費量の組み合わせ）に対しても、それから得られる満足度（経済学では「効用」と呼ばれる）を正確に判断できるとみなされる。この仮定は、たとえば、任意の消費計画Ａと消費計画Ｂという二つの消費計画が提示されたとき、消費者はどちらの消費計画が好ましいか、あるいは同等に好ましいか、を即座に判断できることを意味する。好みには個人差があるので判断の結果はその消費者によりけりだが、「どちらが好ましいかわからない」ということはありえないし、ほかの消費者から影響を受けることもない。いわば「消費計画評価マシーン」のような存在として消費者をとらえている。そして、消費者は、自らの予算と市場でついている価格（労働市場でついている賃金や、資本市場でついている利子率、配当率を含む）を正確に把握し、実現可能な消費計画の中からもっとも満足度の高いものを選択する。これが経済学でいう「合理的」な行動だ。

このことに関連して、標準的な経済学では、消費者の時間が労働と余暇とに明確に分離される。前者は所得をあげるために働く時間だ。後者はその所得をもとに商品やサービスを消費して享楽する時間だ。「効用」が発生するのは余暇の時間だけであって、労働の時間からは発生しない。つまり、経済学における労働は、消費のための「元手」を得るための手段にすぎない。消費者は賃金率に応じて、どれだけ労働するか（余暇を削るか）を、自らの効用が最大になるように決める。

生産者は利潤が最大になるように生産要素の投入、生産物の産出をおこなう。定義式からあきらかなように、生産物が多いほど、生産要素が少ないほど、利潤は増えるが、生産物の量と生産要素の量の間には技術的な制約がある。生産者は生産物価格、生産要素価格、自らの生産技術を勘案して、もっとも利潤が大きくなるように生産計画を決める。生産者には人格を認められてなく、生産者には効用は発生しない。生産者は、単に投入・産出と消費者への所得分配をおこなうのみであり、物理学でいう「質点」にしばしばなぞらえられる。

こういう発想は、経済学の祖とされるアダム・スミスに明確にみられる。アダム・スミスが一八七六年に著した『国富論』の中で、「消費こそが、すべての生産活動の唯一の目的および目標である。そして生産者の利益は、それが消費者の利益を増進するうえに必要である限りにおいてのみ、顧慮されなければならぬ」と説かれている。

以上を集約すると、消費する商品とサービスの量と、余暇の時間によって、消費者の効用は測られる。ここで、余暇の犠牲なしには消費できる商品とサービスの量は増やせないという制約の中で、余暇時間と消費する商品・サービスからなる組み合わせから得られる効用の最大化をめざすというのが経済学の中で前提とされる消費者の姿だ。これが経済学における「標準的なモデル」と「合理的な消費者」だ。

なお、貯蓄、借入れ、投資など、消費や生産を先送りないし前倒しするという行動も経済学で取り扱う重要な分析対象だが、本書では煩雑を避けるためにこれ以上は論じない。これらの行動を考慮する場合でも本書の説明は揺るがない。

離婚するとＧＤＰが増える

経済活動の活発さを測る指標としてＧＤＰがある。ＧＤＰの測り方には生産面、分配面、支出面の三通りがあるが、支出面については、ＧＤＰ＝国内消費＋国内総投資＋純輸出という関係が成立する。「消費」という言葉は日常用語としても使われるが、ＧＤＰの計算における「消費」は日常感覚とはやや異なる。すなわち、市場を介さずに自家生産したものを自家消費する場合は、原則としてＧＤＰの計算に入らない。

たとえば、母親が子供のために毛糸を購入してせっせと手袋を編んだとしよう。この場合、毛糸の部分しかＧＤＰの計算に入らない。これに対し、母親がパートに出て、得たお金で完成品の手袋を子供に買い与えた場合、手袋の代金すべてがＧＤＰに含まれる。母親の愛情のこもった手縫いの手袋のほうが幸福をもたらしてくれそうな気がするが、ＧＤＰの計算上は、パートに出て手袋を買い与えるほうが高い評価を受けることを意味する。市販の手袋を買うほうが手っ取り早いし、手袋の一つ当たりの生産効率としても高い。ＧＤＰの計算ではそういう利便性に重きをおいているという見方もできる。

さらに、刺激的な例を掲げよう。私が大学で一年生向けの経済学の授業で最初に披露するのが「離婚をするとＧＤＰが増える」という話だ。私の妻は専業主婦だが、妻が私のためにどんなに誠意を込めて掃除、洗濯、料理などの家事労働をしても、それはＧＤＰの計算には入らない。私が妻に家事サービスの代価として金銭の支払いをしていないからだ。しかし、私が妻と離婚して、妻が家政婦あっせん会社に登録し、私の家に家政婦としてやってきたとしよう。私は元妻に家政婦としての給金を支払うが、これはGDPの計算対象となる。つまり、離婚にともなってGDPが増大し、経済が成長したという計算になる。このように、従来は売買の対象となっていなかったもの（サービスを含む）を売買の対象に変えることを経済学では「市場化」と表現する。

さらに、家政婦あっせん会社が家事サービスを掃除専門、料理専門、洗濯専門という具合にさらに専門化する場合を考えよう（これは経済学では「分業化」といわれる）。それぞれのサービスに特化することでサービスの生産効率が向上し、より低料金でサービスが提供できるようになればさらに需要が拡大し、この循環構造でGDPはどんどん増えていく。

厳密にいうと、自営業で家族労働を雇う場合や、農家が自家消費目的に作物を栽培する場合の取り扱いなど、GDPの計算にいろいろな決まりがあるが、仔細すぎるので本書ではこれ以上を論じない。

個人主義の起源

以上のモデルで、個々の消費者が独立の主体として、各自の効用を最大にするべく自由に意思決定をするというのが前提となっている。こういう考え方は「個人主義」といわれ、大多数の現代人にとってはさほど違和感なく受けとめられるだろう。だが、猪木［2012］は西洋思想史をレビューし、個人主義という概念が現れたのは一九世紀以降であることを指摘する。そして、猪木［2012］は、個人が集まって集団（国家など）をなすという今日ではごく常識的な見方に対して猜疑の目を向け、集団から切り離されない個人の行動があるのではないかと論じている。

たしかに、人間以外の動物の集団では、個体が切り離されて自由に意思決定しているとはみなしがたい現象がよくある。たとえば、アリの世界では、本当に餌を集めるのは二〇パーセントのみで、残りはうろちょろとしているだけだという。餌を集めている二〇パーセントのアリだけを集めると、今度はその中の八〇パーセントが「うろちょろ組」になるという。逆に「うろちょろ組」だけを集めると、その中の二〇パーセントが餌を集め始めるという。このようにあえて無駄っぽい個体群をつくることで、環境が変動して餌集めのためにアリに求められる形質が変化しても集団として生き残れるのだという。

個々のアリにしてみれば、「うろちょろ組」に入って「ただ飯」にありつくほうがよいようにも思える。それとも、仲間のために餌を集めることに効用を感じるアリもいるということなのだろうか。いずれにせよ、このような現象は個人主義でもないし、統率者の采配下で全員に集団への貢献を求める全体主義でもない。この類のことは動物でさまざまに見られることだが、現代の人間社会ではなかなか認めがたい。人間がもともとからそういう能力を持たない動物種だったのだろうか？　この疑問について、後述の消費中毒仮説で再論する。

人間と自然環境

「標準的なモデル」では，暗黙裡に人間が自然環境に対する支配者として位置づけられている。自然環境が劣化すると効用や生産効率を害するという形でモデルの中に入れられることがあるが，その場合でも，人間が主人公で，人間が自然環境を変えることはあっても自然環境からの働きかけで人間の行動が変わるという発想はない。

しかし，世界各地にみられるアニミズムと呼ばれる伝統宗教では，自然環境への畏怖に満ちていて，人間が勝手に自然環境を改変することを抑制するタブーがたくさんある。Mokyr［1990］によると古代のキリスト教では，自然環境に対する畏怖を最優先するべきという教義だったという。このことはまったく驚くことではない。欧州は高緯度地帯で動植物の再生産力が弱く，ちょっとした生態系のバランスの損壊で人間を含めて動植物の生存が激変する。日本のアイヌや北米のホピ族と同様に人為を抑制することが人間自身を守ることになる。

Mokyr［1990］は，古代ギリシャ人がすぐれた科学知識を持っていたにもかかわらずそれを生産活動に適用していないことを指摘している。Mokyr［1990］はその理由を論究していないが，自然環境への配慮からあえて科学知識を生産活動に適用しなかった可能性は考えられる。

White［1978］の論考によると，創造主（神）の意思に添うように世界を改造する役割が人間に与えられているという考え方が中世にキリスト教の中で徐々に強まっていった。一般に宗教の教義（あるいは協議の解釈）は、社会の変化に応じて移ろう。自然環境を破壊してでも消費を増やしたいという欲求が中世のヨーロッパで強まり、それが産業革命につながったのかもしれない。

2　中毒と伝播

政治でもビジネスでも、当面の話題を議論する際に、「標準的なモデル」や「合理的消費者」の設定は、今日では広く受容されている。だが、もっと時間軸を拡張し、人間社会の現在過去未来を展望するときには、「合理的な消費者」や「標準的なモデル」では説明できない事象に光をあてる必要がある。

私がとくに注目しているのが「中毒」という現象だ。たとえばアルコール中毒者は、アルコールを飲むことでますますアルコールが欲しくなる。ところが、アルコールを飲む量が増えていくことによって幸福度はどんどん下がっていく。さらには、アルコールを飲むためのお金を得ようとして窃盗などの犯罪をおかすなど、家庭や社会の秩序を壊すことにもなりかねない。

われわれは、中毒は社会のごく一部が陥るにすぎず、社会の大多数は中毒にはかかっておらず正常に暮らしていると考えがちだ。しかし、中毒になっている当人には中毒の自覚がないということは多々ある。つまり、社会の大多数が中毒にかかってしまえば、それが標準になってしまい、中毒に陥っていない健全な者が異端として扱われて社会から嫌悪の目を向けられるということもありうる。しかも、消費中毒には伝播性があって、人間社会全体をむしばみ続けているのではないか。いち早く消費中毒に陥った欧米人が中毒にかかっていないあるいは中毒が軽症な人たちを消費中毒にいざなうのだ。たとえばアルコール中毒者が周囲の人々にも過度な飲酒を勧めて同類を増やしていく場合がある。それと同様なメカニズムが消費中毒については世界的な規模で起きているのではないか。

消費には物理的形状を持つもの（経済学では「財」と呼ばれる）と持たないもの（経済学では「サービス」と呼ばれる）がある。飽食暖衣が満たされ、消費生活が高度化するにつれ、財よりもサービスに対する需要が強くなる。換言すると、利便性への欲求が高まる。食事をするにしても、空腹な時は量が欲しいが、空腹が満たされると次は美味を求める。美味なものがふんだんにあるようになれば、利便性を求める。つまり、欲しいときに欲しいものを欲しい量だけ食べたい。あるいは準備や後片付けなどの手間を省きたい。

この利便性はくせものだ。胃袋には限りがあるからいくらおいしいものでも、消費量には限度がある。それに対して、利便性の追求には上限がない。

第一章でも指摘したように、先進国でも途上国でも肥満人口が増え続けるなど、現代人の多くはすでに飽食暖衣だ。したがって物に対する欲求というよりも利便性への欲求のほうが主体になっているしこれからもその傾向が強まっていくだろう。

利便性偏重の象徴的事例

現代人の利便性追求は強い。その象徴が、薪炭といった伝統的エネルギーの放棄だ。国土の三分の二が山林という日本にあって、使う気になれば、薪炭の原料は身近に豊富にある。身近なエネルギーの活用は社会的にも望ましいし、失費を減らすことで各人の家計の改善にも資する。

伝統的エネルギーを使わないと、それだけ石油などを使うことになり、資源の枯渇などの深刻な問題を生む。これはとくに将来世代にとって大きなダメージになる。

薪炭の利用は、日本の山林保全にも役立つ。現在の日本の山々は、伐採適期をすでに大幅に越えてしまった老木が過密に立っている。このことが、野生動物が住処を失って住宅地や農地に現れて人間に危害をおよぼしたり、山林土壌が保水力を失って土砂崩れがおきやすくなったりと、さまざまな弊害を生んでいる。薪炭を利用することで山林が若返り、野生動物と人間の共存にも資する。

焚き木とか炭焼きとか、炎を見ることで人は心が落ち着く。都会で不登校だった若者が鍛冶師など火を使う仕事で立派な職人になったという事例も数多くある。薪炭づくりなどのために人々が山林に入るようになれば、とくにお金をかけずとも、森林浴や木遊びといった保養や教育を楽しむことができる。このように、薪炭の利用のメリットは現世代にとっても将来世代にとっても大きい。

薪炭を利用することの最大のデメリットは、当面の利便性に反することだろう。薪炭の発火や鎮火には手間がかかるし、薪割りなどの準備や灰の掃除などの後片付けにも手間がかかる。だが、高度経済成長が始まったころの日本では多くの家庭で実際にやっていたことだ。太古の昔に戻るわけでもなし、要は人々がやる気になるかどうかだ。そう考えると、東日本大震災で原子力発電所が休止したのは、そういうやる気を起こすよい機会にもなりえたはずだ。残念ながらそういう機運はもりあがらないまま、今日に至っているが。

二〇二〇年春からのコロナ禍でも、人々の利便性志向が発揮された。多くのレストランが休業し、登校できなくなった子供たちのために家庭での調理が増えてもよいはずだった。ところが、実際には冷凍食品が猛烈に売れた。つまり、家庭での調理を増やすための条件が整っても、調理の手間を忌避する傾向が強かったわけだ。

利便性を捨ててあえて不便を容認することによって、人生が豊かになる可能性がある。例えば野外キャンプを考えてみよう。そこでは、利便性追求とは真逆で、不便の連続になる。安くて期待どおりの味のご飯がいつでもどこでも簡単に買えるこの時勢にありながら、キャンプの飯盒炊飯はやたらと手間がかかる。しかも、かならずしもおいしく炊けるとは限らない。しかし、失敗も含めて工夫やがまんをすることで、享楽、知恵、一体感、などを得る。利便性に流されるよりもはるかに濃密に人生を送ることができる。

繰り返しになるが、要は人々がやる気になるかどうかだ。それは、交通機関の整列乗車や、観光地のごみ持ち帰り運動とも似ている。エネルギーの危機を緩和できるかどうかは、政府や企業（エネルギー関連企業を含めて、利便性を提供するために多大なエネルギーを消費する企業）の責任というよりも、個々の消費者の責任だ。

学生時代にスポーツや芸術で鍛錬の日々をすごすのも、利便性という観点からは逆行する行為だ。プロのスポーツ選手や芸術家をめざすのでないかぎり、わざわざ鍛錬に明け暮れずとも、テレビやスマホを見るなりして気楽にすごす方法はいくらでもある。それにもかかわらずなぜ、学生時代にスポーツや芸術に励むのだろう。それを通じて、自信・友情・敬愛を育み、人生の幸福につながるからではないか。目下、スポーツや芸術に励む学生に対し、もっと安直な学生生活を送るようにと説く人がいるだろうか。

残念ながら、現代社会においては、利便性が高まることがよいこととして絶対視されがちだ。利便性追求への懐疑論を呈すると、ともすると特異な思想にかぶれた狂信者とみなされかねない。

消費中毒に陥ったことで失われた能力

アルコール中毒であれ、薬物中毒であれ、中毒に陥ると本来は持っていた能力が失われる。平衡感覚がなくなる、免疫力が弱まる、忘れっぽくなる、などなどだ。

では、消費中毒にともなって人間は何を失ったのか？　それは自然とのコミュニケーション能力ではないかと私は見ている。

自然とのコミュニケーション能力というと奇想天外な印象を持たれがちだが、野生の動植物の行動には、そういう能力を感じざるをえない。たとえば、カマキリは秋に卵を産むが、冬にどれくらい雪が積もるかを先読みして、卵が雪に隠れない高さに産む。東日本大震災でも、さまざまな動物が直前に異常行動をとっていたことが知られている。彼らは自然とのコミュニケーション能力があると解釈するべきだろう。

この能力が動物のみにあって、人間にはないのだろうか？「虫の知らせ」のようなものがかろうじてあるにせよ、現代人には自然とのコミュニケーション能力はないと見てよいだろう。だが、消費中毒以前の人間にはその能力は残っていたのではないか。

アイヌは、自然の再生産力を傷つけないための風習をさまざまに持っている。たとえば、木の実を拾ってくるのは子供の仕事だが、家に帰るまでに転んで木の実を地面にこぼしてしまったら、拾ってはいけない。その場で木の実が発芽するべきだと自然が判断して、子供を神様が転ばしたと解釈するのだ。だが、この話が不思議なのは、誰も見ていないのに、なぜ拾わないのかだ。彼らには自然とのコミュニケーション能力があり、かりに拾おうとすると「そんなことをしていいのか？」という自然の声が聞こえてくるのではないか。

このほかにも、「自然界すべてのものに魂が宿る」という考え方のもとで、鮭が遡上する川を汚すことを禁じるなど、自然との共生がアイヌの生活スタイルだった。この類の話はアイヌに限らない。

世界各地の先住民族・狩猟民族などの風習を見聞するに、自然とのコミュニケーションをとりながら、自然との共生を図っているように見える。

現在の日本でも、歴史のある農家に行くと、木を切ってはいけない日、山に入ってはいけない日、魚を捕ってはいけない日、といった習慣として残っていることがある。日本でもかつてはほんとうに自然とのコミュニケーションの中から忌避すべき行動を悟っていたのではないか。

消費中毒が進むにつれ、自然とのコミュニケーション能力を失うばかりでなく、人間同士のコミュニケーション能力も減衰していくのではないか。たとえば、インターネットで万事が取り寄せられるとなれば確かに便利だが、人との対面が激減するので他人とのコミュニケーション能力が退化しかねない。

やや飛躍的な推測だが、消費中毒に陥る以前の人間には、世代を超えた人間同士のコミュニケーション能力もあったのではないか。どの民族でも、先祖崇拝や死後の世界観がある。これらは単なる空想ではなく、ほんとうに自分の生前の人間や自分の死後の人間との通信があったのではないか。そういう通信の中から、地下に眠っている資源を大量に掘り上げないよう、自制が働いていたのではないか。

消費のサイレン

一八世紀後半から一九世紀初頭にかけて欧州（おもに英国）で生じた産業革命が近代的な経済成長の嚆矢というのが、経済学者の一般的な理解だ。蒸気機関や紡績機など、画期的な新技術が生まれた時期だ。だが、産業革命の前後を通じて賃金やＧＤＰがどのように推移したかについては、いまだに各種の研究が蓄積の途上にある。

そういう中、斎藤修は綿密に資料を積み上げて整合的に情報を総括しており、研究者が共有するべき土台を提供している（斎藤［2008］）。それによると、産業革命前夜の欧州で、①実質賃金の低下、②一人当たりＧＤＰの上昇、という興味深い二つの現象が起きている。

一見するとこの二つは矛盾しているように思える。しかし、人々の嗜好が自給から購入へと変化したと考えれば、矛盾なく理解できる。斎藤は、これを「消費のサイレン」と表現している。先述の通り、従来自給していたものを購入するようになればＧＤＰは増える。購入するためには働いて賃金を得る必要があるので、労働供給が増える（次章で論じるメカニズムのもとでは労働需要の増加は少ない）。この結果賃金が下がる。

自給していたものを購入に切り替えれば、欲しいときに欲しいだけ入手できるわけで利便性が高まる。もしかすると、産業革命の前夜に、すでに消費中毒が始まっていた（あるいは劇的に加速した）のかもしれない。

3　AI開発の意味

われわれは新たな生産技術の開発が消費のスタイルを変えるという構図で議論をしがちだ。だが、消費者の欲求が新たな生産技術を生み出すというメカニズムも忘れてはならない。たとえば、スティーブ・ジョブズ（Apple の共同創業者の一人）は、消費者が求める機能を先読みして新製品のコンセプトを作り、それに合わせた技術を開発するように部下に指示するというスタイルだった。

消費者の願望が技術を作り出すという点では、自転車から自動車への移行が象徴的だ。自転車の最初の形（ドライジーネと呼ばれる）ができたのは意外と遅く、一八一六年だ。自転車は要するに遠心力を移動手段に適用したもので、複雑な原理ではない。私は万事にずぼらで、しょっちゅう財布から硬貨をこぼしてしまって、ころころと転がしてしまうのだが、太古の昔からこういう光景を人々は見ていたはずだ。しかし、人々はそれを移動手段に適用しようとは長らくしてこなかったのだ。

そして、自転車が出現したそのわずか七〇年後には自動車が開発される。自動車の構造や生産過程の複雑さを考えると、自転車とは隔絶の観がある。だが、いったん自転車が開発されると、人々はますます早く楽に移動したくなり、その欲求こそが新技術を生んだのではないか。

誘発的技術進歩仮説

人々の欲求が技術を生み出すという考え方自体は、経済学では誘発的技術進歩仮説という形で論じられてきた（ただし、この仮説への強い異議も学界内である）。たとえば、人口過剰で資本（工場や機械などの耐久的に使う設備）が不足している社会では、労働多投型・資本節約型技術が開発されるという考え方だ（Hayami and Ruttan［1985］、Hayami and Godo［2005］）。

従来、誘発的技術進歩仮説は生産者の価格への反応としてとらえられがちだった。つまり、労働力過剰で資本不足であれば、賃金が安くて資本設備の価格が高くなるはずだ。割高なものを節約し、割安なものをたくさん使うというのは生産者にとって合理的な行動のように見える。

だが、それと同時に、労働力過剰・資本不足の解消は一般大衆の願望でもある。そう考えれば、誘発的技術進歩は願望によって創出されたものと考えることもできよう。従来の誘発的技術進歩仮説と区別するために本書での考え方を拡大版誘発的技術進歩仮説と表現することにする。

拡大版誘発的技術進歩仮説は、昨今注目を集めているＡＩを論じる際にも有効だ。目下、ＡＩが人々の生活をどう変えるのかに議論が集中しがちだ。だが、なぜＡＩが生み出されたのか、その背後にある人々の願望を読み取るべきだ。

ＡＩのベースにある技術自体は、さほど革新的なものではない。膨大なデータを集めて、ひたすらそれらの統計的な関係を調べているだけだ。膨大なデータを瞬時で処理するためには高速の処理能力が必要だが、これまでも処理能力の向上は図られてきたわけで、その延長線上にすぎない。

ＡＩの特徴は、これまで人間でなければできないとされていた知的創造ができるようになったことだ。ビジネスなど日常生活でのさまざまな判断や、芸術・文学などの創作活動がＡＩによって置き換えられつつある。これは、人々が「思考することを放棄したい」という欲求の表れではないか。

もし、そうならば、かりにＡＩの開発がどこかでとん挫するとしても、人間の思考を代行する技術が必ず生まれる。つまりＡＩは思考放棄の入り口であり、いわば先述のドライジーネ的な役まわりなのだ。

思考を放棄すれば確かに迷うことがなくなってラクになる。だが、それは、自分自身を見失うことになりはしないか。先に、消費中毒の進行によって、まず自然とのコミュニケーション能力が劣化し、次に人間同士のコミュニケーション能力が劣化するという流れを指摘した。いまや、われわれは、自分自身とのコミュニケーション能力の劣化という段階に踏み入れたのかもしれない。

高等教育の終焉？

産業革命以降、様々な分野で、人間の労働が機械によって置き換えられてきた。機械は人間を凌駕する馬力、正確さを発揮し、しかも人間と違って労働に飽くことがない。機械の導入は生産効率をあげるが、人間から勤労による稼得機会を奪うことにもなりかねない。一八一〇年の英国のラッダイト運動（紡績工場で機械化によって職場を奪われることをおそれた労働者が機械を叩き壊した事件）に始まり、あらたな機械化技術に対してどうやって労働者の雇用機会を確保するかが社会問題となってきた。

従来、機械化は、比較的単純な肉体労働を代替する形で導入されてきた。したがって、機械化への労働者の対抗策として知的労働で人間の優位を発揮するべきと考えられてきた。それゆえに、とくに高等教育機関で、各人の思考能力を高めることが必要と考えられてきた。

だが、ＡＩは、単純労働ではなく知的労働に長けている点でこれまでの機械化とはまったく事情が異なる。現時点では、ＡＩが人間の思考を凌駕する領域は限られているが、ＡＩの進歩は目を見張るものがある。二〇四五年には人間を完全に超えるのではないかといわれている。

このような状況になればもはや高等教育をいくら受けても、雇用機会の確保にはならない。つまり、高等教育機関は無用の長物となる。教養を楽しむという意図での高等教育機関が残る可能性はあるが、その場合でも、教授陣はのきなみＡＩで人間はＡＩに追従するだけという事態もありうる。

第5章　産業革命と経済成長

「地球はひとつしかなく、人間が生活できる土地は限られているのだから、人口が増え続けることはできず、やがて飢餓と貧困に陥る」、そういう悲観論は二〇〇年以上前から、頻繁に行われてきた。有名なのはマルサスによって一七九八年に著された『人口論（初版）』だ。だが、世界統計は、その議論とは真逆の事実を示す。一八世紀後半から一九世初頭に英国で始まった産業革命を嚆矢として、世界人口も、一人当たりGDPも、驚異的なスピードで増え続けている。一八〇〇年ごろの世界人口は約一〇億人だったがいまや約八〇億人だ。この間に一人当たりGDPは、約六〇〇ドルから約八〇〇〇ドルへと上昇し隔絶の観がある（一九九〇年国際ドル表示、マディソン［2007］）。なぜマルサスの悲観論は外れたのか？　産業革命以降の経済成長のメカニズムは何だったのか？　本章ではこれらの疑問への答えを探す。

1　マルサスの『人口論』

マルサスは一八世紀末から一九世紀初頭にかけて活躍し、近代人口論の確立者と呼ばれる。マルサスの主要著書は『人口論』だが、これは何度もマルサス自身で改訂されており一七九八年に刊行された初版と一八〇三年に刊行された第二版以降では、主張に差がある。

初版では現状観察に基づいた論考ではなく徹底的な演繹が展開される。初版では、男女間の情念が必然であり人口が増え続けること、人口にとって必要な生活物資（食料や衣料や家財など）は人口と同じテンポでは増えないこと、の二点を絶対的な公理とし、その帰結として人口は生存水準ぎりぎりのところで均衡すると主張した。さらに、かりにその均衡水準を超えて人口が増えようとすると、飢餓、略奪、戦争が起きて、均衡水準へと引き下げられるという考えだ。

この考え方を模式的に表現したのが図3だ。直線Aの傾きは、人口一人当たりの最低限必要な生活物資を示す。他方、曲線Bは、「生産曲線」とよばれ、人口が増えた分、労働も増えて生産活動にいそしむが、「収穫逓減」といって、「働けば働くほど生産が増えるが、徐々に生産効率が悪くなっていく」と想定している。この場合、点Pよりも人口が少なければ人々は生活に余裕があり、人口が増加する。しかし、点Pよりも人口が多ければ生活物資の絶対量が不足して、飢餓が発生したり暴力的に

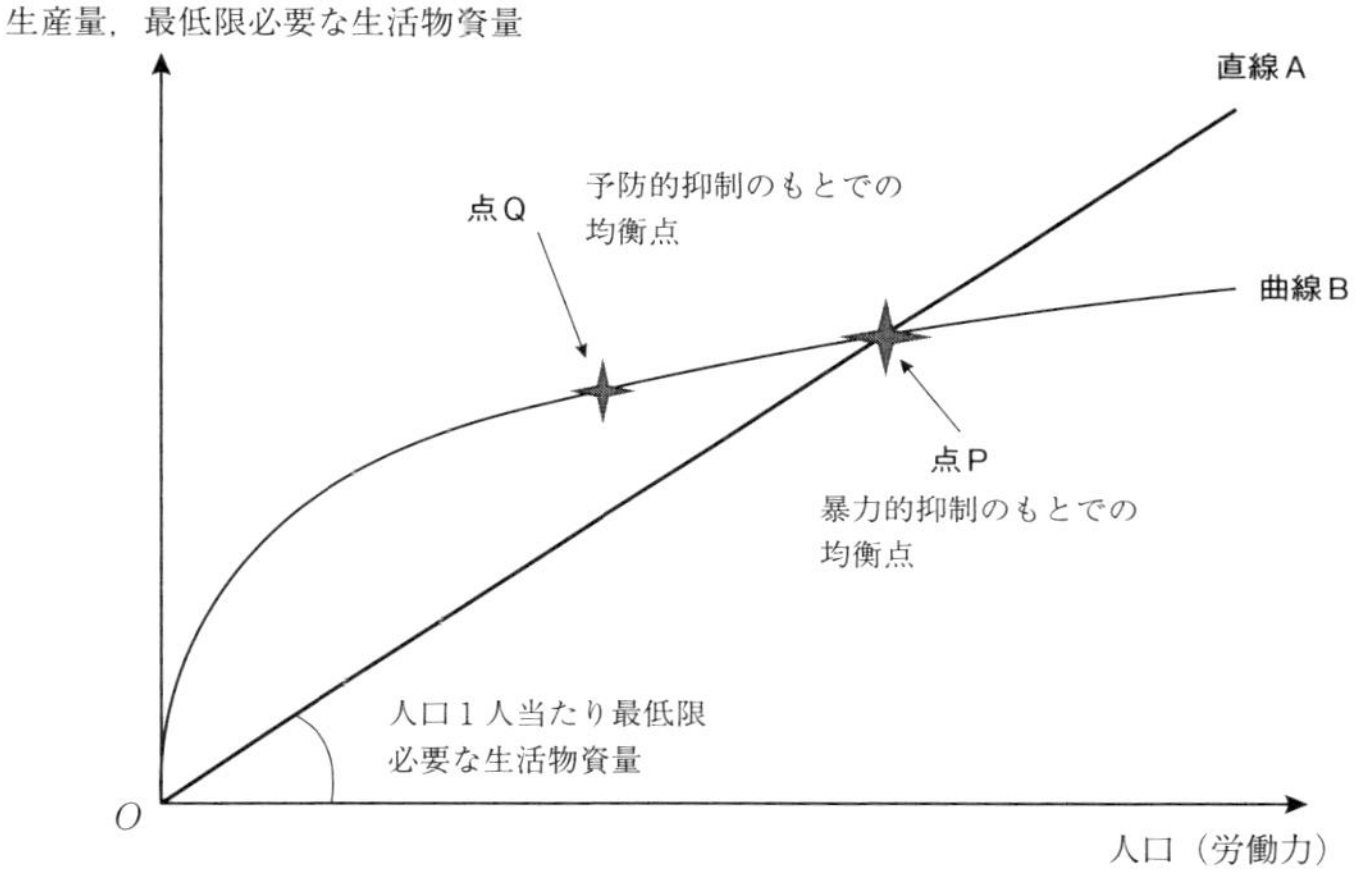

図3　収穫逓減の概念図

自分の分を確保しようとして略奪や戦争が起きたりして、人口が減る。かくして、生きていくのにギリギリの生活水準の点Pに落ち着くことになる。

『人口論』の第一版は、センセーショナルで、出版事業としては成功だった。だが、先述の通り、現実の観察に基づくものではない。一八〇三年に出版された『人口論』の改訂版では、ヨーロッパ各地で結婚年齢を遅らせるなどの人口抑制の仕組みがとられてきたことを重視し、点Pよりも少ない人口で、点Pよりも一人当たりの生活物資が豊富な状態に落ち着くこともありうることを示した。これが図3中の点Qだ。

飢餓、略奪、戦争といった激しい人口抑制を暴力的抑制（positive check）、晩婚化などの穏やかな人口抑制を予防的抑制（preventive check）とマルサスは名づけた。そしてヨーロッパこそが予防的抑制に成功していると論じている。ここにはヨーロッパこそが文明に長じているというヨーロッパ中心主義的な史観があるのかもしれない。

「収穫逓減」の仮定については、マルサスは改訂を重ねても、見直しはしなかった。しかし、そこには「収穫逓減」を裏付ける観察があるわけではない。あくまでも仮説でしかない。

先述のとおり、経済学では、資本（建物、機械など）と労働を本源的生産要素と呼ぶ。人口増加は労働の増加になる。労働の増加のみで資本の増投（経済学では投資といわれる）がなければ収穫逓減になるかもしれないが、人口の増加にみあうほどのじゅうぶんな投資があれば生産効率が低下しないという考え方がある。これがマルサスの論敵といわれたリカードの論考だ。かりにリカードの論考が正しければ、予防的抑制をしようがしまいが、生活物資の絶対量が不足することはない。

ただ、ここで問題になるのが土地の扱いだ。商工業の場合は、埋め立てをするなり、多層の構築物をつくることで土地（ないし土地の代替物）を増やすことはできる。したがって商工業では土地も資本の一種とみなして大きな問題はない。しかし、農業においては自然物の土壌が不可欠だ（完全閉鎖型で、人工土壌を使うという方策も考えられるが、そういう工場型農業については、後述する）。開拓などで農地を増やすことができるにしても限度がある。また、現時点で農地になっていない土地は、開鑿《かいさく》して農地化しても地力が乏しいなど農業生産性に劣る。いかんせん地球は有限なため農業に適した土地は限られる。そうなると、農業については収穫逓減を避けられないかもしれない。このような考えから、リカードは農産物を積極的に海外から輸入することを提唱した。リカードの時代にはヨーロッパ諸国にとって海外に未開拓地が多く残されていたからだ。

もっとも、リカードにしても、実際に食料不足に直面して輸入を提唱したわけではない。旧来の地主層と新興の資本家層が対立していたという時代背景のもとで、地主層寄りの主張をしたマルサスに対抗するという意味合いが強い。

アダム・スミスの『国富論』

実はマルサスに先行して、収穫逓減を否定していた経済学者がいる。経済学の祖と呼ばれ、一七七六年に『国富論』を著したアダム・スミスだ。アダム・スミスは自由な価格競争が需要と供給を調整し、社会的に最適な売買がおこなわれるという「神の見えざる手」で有名だが、それに加えて、分業の重要性を説いたことでも知られる。

『国富論』における分業の利益を描いたものとしてはピン職人の事例が有名だ。ひとりの職人がピン製造の全工程をやろうとすると効率が悪いが、針金をひき伸す→これをまっすぐにする→これを切る→これをとがらす→その先端をとぎみがく…という具合に、工程を分割して、各職人がひとつの工程に集中することによって、職人が担当する工程に習熟するようになり、生産効率が飛躍的に上がるというものだ。生産効率が上がるということは最終生産物がより少ないコストで作られることになり、

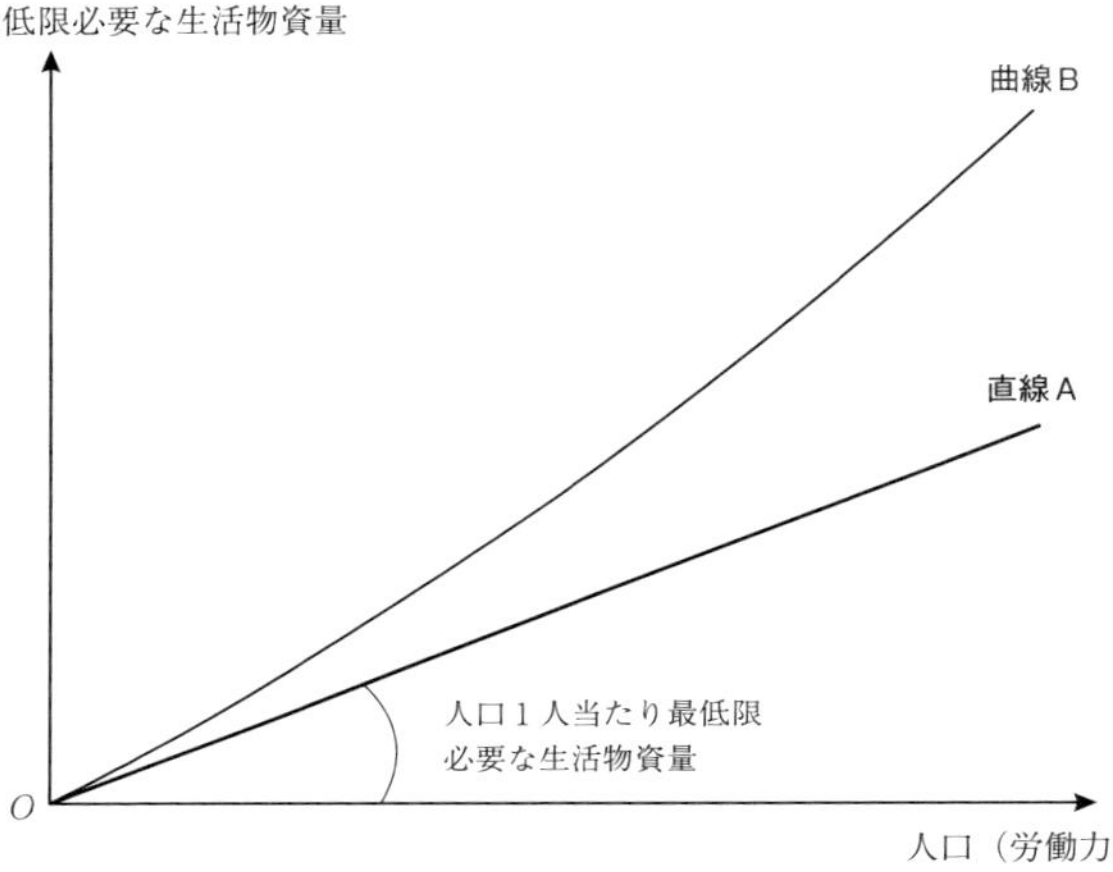

図４　収穫逓増の概念図

価格が下がる。そうなると、需要が増えて生産量がさらに増える。生産量が増大するほど、よりこまかな分業が可能となる。こういう循環構造によって、経済成長が続くと主張したのだ。このアダム・スミスの考え方は「収穫逓増」と言われる。図４に示すように、生産曲線が人口増加とともに加速度的に上昇していく状況を念頭においていることになる。

ただし、この収穫逓増という見方は、長らく経済学者の主流からは受け入れられず、収穫逓減のほうが主流であり続けた。現実には、一人当たりＧＤＰの持続的成長という現実があったのだが、この背景には、危機を訴えるほうが、大衆の注目を集めやすいという事情があるのではないか。こういうところに、研究者の本性があるのかもしれない（研究者が真理の追究よりも、聴衆・読者の歓心を買いたがる傾向があることを第六章で詳述する）。

マーシャルの『経済学原理』

一人当たりGDPの継続的な増加という現実の前にあっても収穫逓減の「呪縛」からなかなか経済学者は（少なくとも主流派は）逃れられなかった。一八九〇年出版のマーシャルの『経済学原理』によって、ようやく「収穫逓増」が経済学の主流派に受容されるに至った。

アダム・スミスが指摘した分業の利益によって個々の生産者の生産効率が向上することに加えて、マーシャルは分業によって作り出された新たな産業に多数の生産者が集積することによって発生する利益（外部経済と言われる）に注目する。すなわち、その新たな産業に適合する特定の資質を持つ人材を売買する新たな労働市場が創出されること、近接する新たな産業が勃興すること、などが、当該産業さらには社会全体を益するという考えだ。

また、Young［1928］は機械の役割を重視してアダム・スミスの議論を強化する。分業によって個々の工程における作業内容の標準化が進み、それゆえに機械化がしやすくなり、生産性が向上するとYoung［1928］は論じる。

2　技術と技能

分業と生産性の関係について論考をさらに進める前に、技術と技能の違いについて説明しておこう。

両者の違いをひとくちでいえば、後者はマニュアル化不可能で長年の修業によって属人的に培われるものなのに対し、前者はマニュアル化して万人がつかえるものだ。比喩として、「すし職人が握る専門店でのすし」と「パート労働者が作るスーパーで売られているパックすし」をイメージするとわかりやすい。

すし職人の場合、玄関の掃除など、すしを作るのには直接関係しないものも含めて、さまざまな下働きを通じて、すしとは何かを感得する。一人前になるまでには我慢と時間がかかるがいったん一人前になれば、時間、場所、季節などに応じて、融通無碍にすしを握る。客の反応をみてネタや握り方を変えるなどで客を楽しませる。

他方、パックすしの場合は、専用の機器をとりそろえ、手順を標準化し、とくにトレーニングを積んでいないパート労働者でも作れるようにマニュアル化してある。特上とはいえないが、そこそこの食味で、専門店よりもはるかに廉価にすしを提供する。

技能と技術の関係は、必ずしも対立するものではない。消費者にとって、たまのぜいたくには専門店のすし、日常的な定番品としてパックすし、と使い分けることにより、すしの文化そのものが豊かになる。

すし職人が技能を上げれば、パックすしを作る側もマニュアルを見直して、追いつこうとするだろう。パックすしの技術が上がれば、パックすしを圧倒するような食味を提供しようとする。そういう切磋琢磨によって両者ともレベルアップする。

だが、技能が技術によって駆逐されるということも多々起こる。大工、鍛冶屋、庭師、など、かつては技能を駆使していた職人仕事が次々と消えていくのは、まさにそうだ。

製造業のアメリカン・システム

マーシャルが『経済学原理』を出版した一九世紀後半は、世界の政治経済の覇権が英国から米国へと移った時期だ。この時期、製造業のアメリカン・システムと呼ばれる独特な体系が興隆していた。製造業のアメリカン・システムは、自動車など数多くの部品からなる製品を、低コストで大量に作るために開発された。このシステムのポイントは、互換性部品の導入だ。今日、個々の部品ごとに大量生産するというのは当たり前になっている。たとえば、ペットボトルの本体とキャップは別々に大量生産されるが、ペットボトル本体の山の任意のひとつとキャップの山の任意のひとつを取り上げて、ぴたっと両者は当てはまる。

互換性部品の威力を大衆に印象付けたのは一八五一年五月のロンドン万国博覧会で米国のロビンズ・アンド・ローレンス商会の実演展示だ。そこで、複数の小銃を分解し、ばらばらの部品の山から、再度、小銃を組み立てて見せた。従来、小銃は、ひとつひとつの部品を熟練工がやすりがけをするなどして調整しながら慎重に組み立てていた。そういう旧来の方式では、熟練工の養成のために時間と手間がかかるし、一度に生産できる小銃の数も限られる。ロビンズ・アンド・ローレンス商会の実演はそういう制約を打破するものだった。

製造業のアメリカン・システムをハード面に注目すると、部品ごとに精巧な専用の工具や工作機械をとりそろえたことと、精密な測定機器を使って不良品を破棄することに特徴がある。また、ソフト面に注目すると、熟練を要さずとも労働者が作業できるようにマニュアルを整備し、労務管理を徹底したことに特徴がある。これが銃に限らず、さまざまな分野へと適用領域が拡大していくが、とくに自動車製造におけるフォード・システムが有名だ。

やがて、マニュアルの整備と労務管理の徹底という二本柱が、米国を超えて、製造業を超えて、ありとあらゆる商品やサービスの生産の仕組みとして社会全体に定着して今日に至っている。

労働の商品化と学校教育

製造業のアメリカン・システムの産業史的な意味合いはさまざまにあるが、分業を徹底することによって技能を技術で置き換える仕組みととらえることができる。どんなに複雑な商品やサービスでも、個々の労働者は、とくに訓練を積むこともなく、割り当てられた労務を、所定のマニュアルにそってこなせばよい。つまり、部品が互換性を持つだけではなく、労働も互換性（誰が働いても同じことができる）を帯びることになる。経済学でいう「労働の商品化」だ。

技能から技術への置き換え、すなわち労働の商品化は、製造業を超えて商業などサービス産業へも拡大していった。さらには米国という国境を越えて、まずは先進国間で、やがて途上国を含めた全世界へと労働の商品化が広がっていく。

ここで注意するべきは、斎藤［2008］が指摘するように、分業が進むことが、労働の商品化に帰結するという論理的な必然性はないことだ。事実、産業革命期の英国の工場では、技能を持った職人集団が形成された。職人たちが徒弟を一人前に鍛え上げることによって、生産増を担った。

では、なぜ世界的潮流として労働の商品化が進んだのか？　ひとつには製造業のアメリカン・システムの優秀性があろう。徒弟の訓練には時間がかかるので、生産量を調整しにくい。他方、製造業のアメリカン・システムのもとでは、労働者数の変更は簡単で、ただちに生産量を調整できる。欲しいものを欲しいときに欲しいだけ手に入れたいという利便性志向の消費者の歓心を買うためには、商品の提供側が製造業のアメリカン・システムを装備しているほうがよい。

一九世紀の米国は労働希少でさまざまな文化的背景を持つ移民の寄せ集めの社会だった。このため、徒弟を養成するという仕組みを持ち込むのが困難で、最初から労働の商品化の路線を進まざるをえなかった。また、米国は油田に恵まれいち早く石炭から石油へのエネルギー転換に成功したが、石油は出力の制御が石炭よりも容易で、工作用機械の開発・運転にも有利だったため、工作用機械を使って技能を技術に置き換えるのにも好都合だった。そういうヒステリシスから、製造業のアメリカン・システムは生まれた。

いったん製造業のアメリカン・システムの優越性があきらかになれば、対抗のために欧州各国もそれをとりいれようとする。また、製造業を超えてさまざまな分野でマニュアルの作成と労務管理の徹底という労働の商品化が有利だと判明すれば製造業を超えて社会全体が労働の商品化に向かう。

労働の商品化を社会全体に浸透させるためには、学校教育が効果的だ。学校教育というと、知識や教養の授与というイメージがあるかもしれないが、実際には、運動会、朝礼など、行動規範を刷り込むという効果が大きい。斎藤［2008］は、「学校教育とそこで実現するリテラシィは、だれしもプラスの価値をおく社会的目標である。そして、それは国家の「社会的政策」的任務の一つとなった。（中略）学校とは、知識の伝習とともに、精神の規律化が進むところであった」と論じる。義務教育など国家をあげての学校教育の推進が、社会全体の労働の商品化を推進することになる。

後述のように、労働の商品化は農業には不適切だ。しかし、学校教育をはじめとして、社会全体が労働の商品化に向かうと、その流れに農業も巻き込まれることになる。つまり、社会からの要求で始まった学校教育が、社会を規定する側に回るという逆転が起きる。

農業と分業

農業について、分業の利益はあるだろうか？　農業の定義については、第七章で再論するが、ここではおおまかに「人間にとって有益な動植物を育てること」と定義しておこう。農業における最大の課題はいかにして生育不良を防ぐかだ。いったん生育不良が発生すれば、措置に膨大な費用がかかったり、出荷できなくなってそれまでの投入がすべて無駄になったりするからだ。

日光、風、降水、など、人智を超えて刻々と変化する自然環境の下では、家畜や作物の生育条件がどう変化するかを予想することもできない（人工光や温湿度管理を完全制御する閉鎖型の農場でいわば工業的に動植物を育てるという方法もありうるが、それについては後述する）。家畜であれ作物であれ、動植物の宿命として生育不良のリスクをゼロにするのは不可能だ。だが、生育不良のリスクを減らすことはできる。ひとつひとつの家畜や作物を具に観察し、圃場や畜舎の全体像を把握していれば、生育不良が起こるかもしれないという悪い兆しをいち早く察知し、適切に対処できるからだ。

生育不良を防ぐという観点では、分業はむしろ不利益だ。たとえば、水稲作を考えてみよう。育苗、耕起、代掻き、除草、施肥、水管理、脱穀、乾燥調製、といったさまざまな作業からなるが、それらを別々の人に担当させると、当該年の生育状況の特徴などが把握できない。すべてを一人で手掛けるからこそ、総合的な観察眼ができ、生育不良をいち早く発見し、適切な対処ができる。

北海道酪農の事例

農業において分業が利益を生まないという具体例として、北海道の酪農を俯瞰しよう。もともと酪農は、畜舎や畑に立脚したさまざまな作業の有機的な結合体だ。乳牛に人工授精し、搾乳をしながら仔牛を産ませる。仔牛が雌だったら乳牛として飼育して搾乳する。牧草や飼料用作物を栽培し、収穫後、適宜、発酵させたり配合したりして餌を作る。これらの作業のすべてを家族でおこなうのが伝統的な姿だった。

しかし、いまや、徹底的なアウトソーシング（すなわち、作業工程を分割して切り出した作業を外部に委託する）が大規模化・機械化をともないながら進んでいる。仔牛の育成は共同育成牧場に、畑の播種や収穫はコントラと呼ばれる作業受託業者に、餌づくりはＴＭＲセンターと呼ばれる共同利用設備に、それぞれに代金を支払ってゆだねている。残るは搾乳だけだが、それを外国人労働者（名目上は技能実習生であるが、実質的には低賃金労働者）に頼っている。

アウトソーシングと併進して、労務管理や委託契約の便宜のために、個々の作業の定型化（あるいはマニュアル化）がおこり、それ専用の機械が導入される。その機械は、「技術進歩」の結果、ますます高度化する。たとえば、搾乳については、最初は電動搾乳機が開発されて、人間が手で牛の乳房をもむかわりに、人間が装置を牛の乳頭にあてがうという形だったが、いまや人間の立ち合いなしで装置が自動的に牛の乳頭を探しあてるという搾乳ロボットも開発されている。そういう高度な設備ほど費用がかさむので、それに見合う収益を得ようとして飼育頭数も格段に大きくなる。一〇〇〇頭を超すメガファームという巨大経営も増えている。

このように、アウトソーシング化・大規模化・機械化が北海道酪農で猛烈なスピードで起きている。問題は、それが牛の健康悪化をもたらしていることだ。

乳牛の飼育者は、どんな母牛がどんなお産をし、畑の地質が年々どのように変化し、飼料作物がどのような作柄となり、サイレージがどのように発酵したか、など、すべてを自分が手掛けるからこそ、総合的な観察眼ができる。アウトソーシング化でそれらをばらばらにしてしまえば、健康管理が難しくなる（センサーなどを駆使してデータ化して管理をするという工夫がされるが、それには限度がある）。そうなれば、病気やけがも増える。実際、北海道の酪農では、下痢、乳房炎、ヨーネ病、またさき、などに悩む農家が珍しくない。

北海道酪農の収益性悪化も深刻だ。二〇一五年に農林水産省が始めた「畜産クラスター事業」と呼ばれる大型の政策融資を受けて億円単位の設備投資をおこない、返済が滞って累積債務に悩むケースが増えている。彼らは、その場しのぎ的な追加融資や補助金で酪農を続けているが、いわば「ゾンビ企業」の農業版だ（ゾンビ企業については星・カシャップ［2013］参照）。

乳牛の短命化

北海道酪農における健康管理の悪化を象徴しているのが、乳牛の短命化だ。乳牛は丁寧に飼育すれば生涯で少なくとも四回、上手に飼育すれば八回程度、お産ができる（懐妊しないと泌乳しない）。ところが、目下、北海道では二回のお産で廃牛（当該の牛をこれ以上飼育することを断念し、と畜にまわすこと）にするのが当たり前になっている。しかも一回目のお産をなるべく早くしようという傾向がある。乳牛の健康管理がおろそかになった結果、体力が強い若齢のうちに牛を使い切ってしまおうという発想になっているのだ。

たった二回のお産のうち、初回は乳用牛品種ではなくの和牛の精子を使うことが増えている。こうして生まれた牛はＦ１と呼ばれ、肉牛の肥育農家に売却される。

肉牛として珍重されるのは和牛だが、これは日本で肉を取るために品種改良されたもので、黒毛和種、褐毛和種、無角和種、日本短角種の四品種しかない。精子も卵子もこの四品種でなくては和牛と称してはならない。和牛という名前はついているが、決して日本古来の品種ではない。庶民が肉食を始めた明治維新以降に、日本国内で役牛として使っていた牛と欧州の肉用牛品種との交配によって誕生したのが和牛だ。なお、和牛の特徴として、乳用牛品種よりも骨格が小さい。

Ｆ１の牛肉の食味は和牛よりも劣るが、国産牛肉として売ることができる。酪農家になぜ初回には和牛の精子を使うのかと尋ねると、たいがい、国産牛肉への需要があるからという答えが返ってくる。だが、それはおそらく理由の半分以下でしかない。より重要な理由は、日本の酪農家が牛を上手に飼えなくなったためというのが私の目立だ。飼い方が下手になると牛の病気や事故が多くなる。とくに初回のお産は難産になりやすく、二回目以降よりも格段に事故率が高い。難産の結果によっては廃牛を選択せざるをえないほどのダメージを乳牛に与える。先述のとおり和牛は乳用牛品種よりも骨格が小さいため、難産の可能性を減らすことができる。飼育の仕方を改善することで事故を防ぐのが本筋なのだが、いわば弥縫策《びほうさく》としてＦ１に頼るのだ。

初産がＦ１なので、後継の乳牛を確保するために、二回目（そして最終回）の種つけでは、乳用牛品種の精子で、必ず仔牛が雌になるものを使う（性別を決める遺伝子が乗っている染色体が雌か雄かで重量に違いがあることを利用して、性判別精液が売られている）。

なお、近年では、Ｆ１に代えて、和牛の受精卵を使う場合が増えてきている。乳牛が産んだ仔牛でも和牛と認定されその分高い値段で売れる。Ｆ１の場合と同じように胎児が小さいので初産の事故を減らすことができる。体外授精をはじめとする生命工学の利用だ。ただし、体外受精が拡まるにつれ、酪農農家が牛の発情に対して鈍感になったり、通常の和牛繁殖農家を衰退させたりするという可能性もはらむ。

生乳生産の硬直化

農林水産省は、大型補助金（低利融資を含む）を使って、酪農の機械化・ＩｏＴ化を推進している。牛を畜舎内で自由に歩かせて（フリーストールと呼ばれる）、乳が張ったら自ら搾乳ロボットに向かうようにしつけ、摂食や歩行などを記録する装置をそれぞれの乳牛に装着してその情報をリアルタイムで飼育者のパソコンに送って健康管理するというものだ。労働力不足への対処策だが、機器への過度な依存を招き、飼育者自身による乳牛の観察力が低下して、健康管理がおろそかになることもある。また、借金がかさんで日々の資金のやりくりに汲々として心の余裕を失い、乳牛の健康管理に気が向かわなくなることも珍しくない。

機械の稼働に合わせて畜舎の構造が固定されるため（たとえば搾乳ロボット一台当たり五〇頭の乳牛をあてがうのが標準的な設計だ）、生乳価格が上下しても、畜舎を改築しない限り飼養頭数を変えられないという生産構造の硬直化という問題も生じる。

近年、十数軒の酪農農家が共同でＴＭＲセンターを設立して配合飼料（トウモロコシ、ふすま、大豆かすなど、数種類の飼料を配合したもの）を作るという動きがさかんだが、これも健康管理の低下と生産構造の硬直化を招きがちだ。ＴＭＲセンターを利用すると労働時間の節約にはなるが、一頭ごとに餌の内容を変えるというきめ細かい給餌がしにくくなるし、ＴＭＲセンターの稼働率を一定にしないとＴＭＲセンターの収益が悪化するため、他の参加者との調整なしには飼養頭数を変えられなくなる。

先述のとおり、人工授精の回数も変更の余地がないうえ、設備面での制約も加わるわけだから、生乳の生産が硬直化し、生乳の過剰や不足が頻発する。実際、二〇一四年にバターがスーパーから消えるなどの大騒動になるほど生乳不足だったが、二〇二二年は廃棄するほど生乳過剰になった。この類の需給の不適合は今後も覚悟しなくてはならない。

アンチテーゼ的な酪農の事例

上述のような大勢に逆らって安定的な酪農をしているのが十勝のQさん（匿名）だ。Qさんは、フリーストールを採用せず九〇頭をつなぎ飼いし、TMRセンターを使わない。時間を分けて餌を種類ごとに与えるという分離給餌と呼ばれる古いタイプを採用し、規模を抑えての家族経営の酪農だ。

Qさんは酪農農家に生まれ、ものごころがついたときから牛の世話をしたが、家業を継ぐ気はなかった。Qさんはゲーム機の類を親に買ってもらえなかったが、それが幸いしたのか青少年期はスポーツで頭角を現した。成人してからしばらく都会暮らしをして、伴侶も見つけていたし、親に呼び戻されたときにもさんざん逡巡したが、意を決して妻と一緒に牛飼いになった。

Qさんは牛飼いとして自他ともにみとめる二つの強みを持つ。第一は、「教わり上手」だ。酪農では牧草栽培や糞尿処理など、多方面に習熟しなければならない。誰にどう尋ねればよいのか、どうすれば頭でっかちでなく真髄を体で覚えられるのか、このあたりのコツをつかんでいる。スポーツの鍛錬を通じて、人間同士のコミュニケーションを上達させたおかげなのかもしれない。第二は、個々の牛の体調を敏感に感得できることだ。子供時分から牛の世話をしていたおかげで牛の顔つきや体の動きの微妙な変化を見逃さない（QさんはIoT機器を使わない）。分離給餌だから、個々の牛の体調にあわせて、臨機応変な調整ができる。牛のつなぎ飼いを「行動の自由がなくて牛がかわいそう」と批判する「識者」も散見されるが、Qさんはつなぎ飼いのほうが一頭々々の牛をつぶさに観察して丁寧に扱えると考える。乳用牛（ホルスタイン種）が欧州の原種であることを考えると、自然環境が異なる十勝では、人間による濃厚な観察・手当が必要という考え方は、たしかに一理ある。

Qさんがその気になれば控えめに言っても四回は牛を懐妊させられる。しかし、自分の牧場で人工授精するのはあえて二回にとどめるのを原則とし、二産目が終わったら経産牛としてほかの酪農農家に売るようにしている。しかも、懐妊後一カ月程度というふんだんに泌乳するタイミングで売るというのもQさんならではだ。

二〇二一年から二〇二三年にかけて、餌料価格高騰の影響などで一般的には経産牛の平均価格も大幅に低下した。しかし、Qさんの牛は値崩れをおこさなかった。Qさんが育てた牛ならば、泌乳量が多くて当面の収入が安定するし、もう二回ぐらいは確実に懐妊するから安心だし、そういう定評に支えられて買い手があまただ。

QさんがUターン就農した当初は、畜舎には老いた牛もたくさんいたし、経産牛を売るにしても泌乳量が低下した状態だった。Qさんはこれを大胆に見直したのだ。若い牛は扱いやすくて畜舎でのQさんの体力的な負担が少ない。若い牛に特化することで規模拡大を避けているので、設備投資などのために借金がかさむこともなく精神的な負担も少ない。北海道の多くの酪農農家が三回以上の懐妊をさせられないほど飼育の腕が落ちたり、過度な借金で資金ショートのストレスにさらされたりしているることがQさんの酪農を利しているという見方もできる。そこに北海道酪農の陰影を見るべきなのかもしれない。

農業とＡＩ

ＡＩのすぐれた学習機能が特定の作業に限定して導入されるのであれば、従来の技術革新と大きな違いがない。たとえば、搾乳ロボットにＡＩが導入される場合を考えよう。ＡＩは豊富な情報のストックのもとに学習能力を発揮し、乳房への力の入れ方の調整などをして、搾乳効率を上げるだろう。こういうシナリオは単なる性能の向上だから、従前のパターンの延長線上に過ぎない。

問題はＡＩが経営に乗り出すときだ。従来、日本農業で進んできたアウトソーシング化をＡＩが否定する可能性があるからだ。上述のようにアウトソーシング化は農業の収益性を低める可能性が高い。生身の人間の場合、学校教育など産業化社会の装置の中で、商工業的な行動原理が刷り込まれてしまい、収益性が低いのにアウトソーシングに向かう。しかし、ＡＩが収益性最優先で動けば、アウトソーシングを否定する方向に向かうだろう。

アウトソーシングの是非は、収益性の問題だけではない。農業ならではの愉悦を味わえるかどうかにも関連する。繰り返し指摘するように、農業は生育不良といつも隣り合わせだ。だが、そういう不確実性があるからこそ、それを克服して収穫にいたるときに、農業ならではの愉悦がある。それは、アウトソーシングに徹するのではなく、作物のためにありとあらゆる作業にたずさわってこそ得られる感激だ。これは、さまざまな危険と隣り合わせになりながらも子供の育ちを見守る喜びとも通底する。

スポーツであれ、芸能であれ、目先はつらいだけのように思える修練を積んでこそ、大きな愉悦にたどり着ける。それを目先のラクさを求めて修練をやめてしまうのは、浅はかだ。

そういう浅はかさにつけこんでお金儲けをするというのが現代の資本主義の原理かもしれない。あるいはそういう浅はかさにつけこんで、農業用の機械や設備の投資に補助金を出して農業者から票を得ようとするのが現代の民主主義の原理かもしれない。

だが、ＡＩが目先の怠惰に流されることはないし、政治運動もしない。ということは、アウトソーシングを否定する方向をＡＩが選択するのではないか。それは農業を本来の姿に戻すことになる。だが、アウトソーシングが否定されても決して戻らないものもある。農業経営をＡＩが担う以上、不確実性の中で家畜や作物を育てるという愉悦はもはや人類ではなくＡＩのものとなる。つまり、生産のみならず、愉悦さえもＡＩに手渡すことになる。それは、産業革命以降、人類は近代化し、発展してきたと信じ込んでいる現代人に対する、強烈な皮肉となる。

高収量品種の罠

第二次世界大戦後の農業増産において品種改良の効果も大きい。ただし、この品種改良は化学肥料、農薬、農業機械の利用を前提にした形質となっていることに注意しなければならない。逆にいうと、化学肥料、農薬、農業機械がなければ、いまの品種は在来品種よりも減収になる。

いまや、かりに在来品種に戻ろうとしても、原種の確保が難しいし、栽培の仕方も忘れられて再現できない可能性もある。つまり穀物供給の総量は増えたが、化石資源依存を強めたわけで、エネルギー危機の到来を早めると同時に危機時の打撃を大きくしたのだ。

遺伝子組み換え品種の場合はとくにそういう傾向が激しい。厳密にいうと、遺伝子組み換え品種も第一世代、第二世代、第三世代とあり、第一世代が増収をめざしたものだ。具体的には、穀物を栽培するときに雑草や害虫を駆除しようとして薬剤を使用すると、穀物の生育にも悪影響をおよぼしがちだ。そこで、特定の除草剤や殺虫剤に対して強い耐性を持つように遺伝子を調整しておけば、その除草剤や殺虫剤をどんどんまいて、穀物の生育を妨げることなく雑草や害虫を駆除できるという理屈だ。第二世代や第三世代は、単なる増産だけではなく農産物の栄養価を高めたり、薬効を加えたりするというものだ

遺伝子組み換え品種を食べると新たなアレルギーを誘発するのではないかなど、安全性に対して不安がしばしば表明される。他方、遺伝子組み換え農産物を食べてもとくに有害性はないという意見もある。遺伝子を人為的に操作しても遺伝子組み換えとみなされない場合があることを考えると、ますます安全性に対する評価は難しく、科学者の間でもさまざまな見解がある。

しかし、確実に言えるのは、遺伝子組み換え品種を栽培する場合は、農業者が自主性を失うことだ。どういう薬剤をどういうタイミングで使うかなどが完全にセットにされて遺伝子組み換え品種が販売されるためだ。

だが、遺伝子組み換え品種の開発時には想定していなかった新たな雑草や害虫が発生する場合がある。その場合、農業者は提示されたマニュアルよりほかに頼るものがなく、「お手上げ」だ。遺伝子組み換え品種ほどではなくとも、高収量品種は作業暦や使用する薬剤が固定される傾向が強い。かくして、収量が不安定化したり、農業者の創意工夫がなくなってしまったりすることが、高収量品種の怖いところだ。

工場型農業

マスコミ、学界、商工界、行政が好む話題として工場型農業がある。完全閉鎖型で照度、温度、湿度を人為管理し、人工土壌ないし水溶液で作物を栽培するというものだ。日本では日立製作所中央研究所が完全制御型植物工場の研究を一九七四年に開始したのが嚆矢と言われるのですでに半世紀以上の歴史がある。最近でも東京駅近くのビルの中で水稲作をしたり、東日本大震災で被災した農地で工場型の野菜生産を始めたりというニュースがある。

その都度「新たな取り組み」と報じられるが、半世紀前と根本的な原理は同じで、「陳腐な取り組み」だ。採算性を無視してかまわないならば、ひたすらエネルギーを投じれば、それなりに作物を栽培することはできる。だが、採算性がとれなくては商業的には長続きしない（研究目的や、宣伝目的で、赤字にかまわず続けている場合はあるが）。この半世紀は、開始時点で「新しい取り組み」と報道され、やがて撤退や操業停止になることの繰り返しだった（やり始めのときににぎやかに報道されても、その後が報道されることはあまりない）。もっとも、商売の鉄則はヒット・アンド・アウェイだから、短い間に人目をひくという目標を達成したら、あとはどうなってもかまわないという考え方もありうる（それは農業としては非生産的だが）。

工場型農業が話題として好まれるのは、あたかも科学的で進歩的なイメージがあるからだろう。また、家畜や作物のことがよくわからない農業のド素人でも、工場型農業のようなものならば卑屈になることなく議論に参加できるので、「識者」らしくふるまいたい人たちには向いている。

工場型農業の収益性が低いのはある意味で当たり前だ。通常の農業では太陽光という無料のエネルギー源を使うのに、わざわざそれを遮るのだから費用が膨大になる。太陽光の問題点は、気象などによって絶え間なくしかも予測不可能に圃場で受け取れるエネルギー量が変わることだ。優れた農業者はそういう変動を乗り越える技能を持っている。他方、マスコミ、学界、商工界、行政ではそういう技能があるはずもなく、実際の圃場では「役立たず」ということになる。マスコミ、学界、商工界、行政としては、農業者の前で卑屈になりたくないから、費用をかけてでも工場型農業のほうを好むという見方ができる。

たとえば核融合などでエネルギーがありあまるほど得られるようになるならば、工場型農業に見込みがある。とくに、ＡＩと工場型農業は相性がよい。工場型農業で、さまざまな実験をして、それをＡＩに学習させることにより、人間の技量を超えた農業ができる可能性がある。

ここで思い出すべきは、将棋におけるＡＩの活躍だ。将棋で人間がＡＩに勝てなくなって久しい。これまで人間では何が悪手で何が最善手なのかわからなかったのに、ＡＩはたちどころに教えてくれる。ＡＩが強くなったのは、人間の名人の技を覚えさせたからではない。架空の先手と後手を設定し、各局面を始点として、次に考えられる手ごとに、その後の膨大な数の試合をさせて、先手と後手の勝率を計算するという方法をとっている。

目下、農林水産省や多くの研究者は農業名人の技を解析し、それをＡＩやロボットに覚えさせるという研究に力を入れている。そういうアプローチもあってよいとは思うが、むしろ閉鎖型工場をどんどん作って、さまざまなパターンの実験をさせる方が近道ではないか（実験計画もＡＩに書かせればよい）。閉鎖型ならば、どういう条件のもとでどういう生育をしたかを正確に把握できる。このようにしてデータを豊富にすれば、ＡＩが工場型農業における効率的な生産を描くようになるだろう。ＡＩの創造力をもってすれば、工場型農業で培ったＡＩの技量を露地農業にも応用を効かすだろう。ただし、ほんとうにＡＩを駆使した無人生産がよいことかどうかとは別問題だが。

3　産業革命に関する新知見

広辞苑によると、産業革命とは、「産業の技術的基礎が一変し、小さな手工業的な作業場に代わって機械設備による大工場が成立し、社会構造が根本的に変化すること、これにより近代資本主義が確立。一七六〇年代のイギリスに始まり、一八三〇年代以降、欧州諸国に波及」とある。これが一般的な見方といってよいだろう。

一七六五年のワットの蒸気機関や、一七七九年のミュール紡績機など、産業革命期にはさまざまな発明がされた。だが、どんなに素晴らしい生産技術の発明でも、それは一回限りの事象であり、継続的な経済成長にはつながらない。今日の経済史研究者の間では、むしろ、アダム・スミスやマーシャルが主張する分業の利益に注目する見方が支配的だ。つまり、分業によって新たな市場が生まれ、その市場が拡大する（その過程で規模の経済と呼ばれる大規模化の利益と技術進歩をともなう）ことによってさらに新たな市場が生まれるという好循環が始まったのが産業革命という理解だ。

だが、これに対して新知見を提供しているのが斎藤［2008］だ。斎藤は経済指標や文献を詳細に収集・分析し、二つの重要なことを指摘している。第一は、産業革命の以前にすでに分業の増進が起きていたことだ。第二は、英国で一人当たりＧＤＰが本格的に上昇し始めたのは産業革命が終焉した一八三〇年代だったことだ。

では何が経済成長の主因だったのか？　斎藤［2008］は一八三〇年代が鉄道建設ブームに相当し、運輸が増強されたことに注目する。たしかに、運輸がなければ、生産しても需要者に届けることができない。新たな生産技術の発明のような「派手さ」はないものの、運輸の拡充によって生産意欲が決定的に高まったというのは説得力がある。つまり、運輸の発達があってこそ分業の利益が発揮されたというのが斎藤［2008］の見方だ。

産業革命と地下資源

筆者は上述の斎藤［2008］の論考を尊重したうえで、別の可能性をも考慮するべきではないかと考える。それは、地下資源の効果だ。斎藤［2008］は、その冒頭で、「エネルギー転換の側面を直接に取上げることはしない」と宣言している。一冊の本を書くうえでは、議論の範囲を限定することは真っ当なことで、それは咎められるべきではない。しかし斎藤［2008］の論考の端々に、地下資源由来のエネルギーの重要性がにじみ出る。

そもそも、マルサスの議論を待つまでもなく、地球はひとつしかなく、可住地は限られているのだから、それに由来して生産活動が制約されることはじゅうぶんに予想できる。その制約を地下資源の利用によって乗り越える（地下資源は枯渇性なので根本的な解決にはなっていないが）というのも、じゅうぶんにありそうな話だ。実際、第Ⅰ部で論じたように、農業における増産については化石資源をつぎ込んだ効果が大きい。実は商工業でも同じではないか。

事実、一八三〇年代の鉄道建設ブームは、石炭と鉄の大量消費を意味する。石炭も鉄も太古から人間は使ってきたが、きわめて限定的だった。それが、ここで一気に地下資源の大々的な採掘を始めたという解釈が可能だ。

上述のように、斎藤［2008］は産業革命前に分業の深化が始まったことを指摘している。それは、本書でいう消費中毒の始まり（ないし大幅な加速）ではなかったか。本来、地下資源を大々的に掘上げるというのは自然環境の破壊であり、先代や後代への裏切りだ。消費中毒が進行する前の人々には、そういう裏切りをすることにためらいがあったのではないか。消費中毒の進行で、そういう歯止めがなくなり、石炭と鉄の掘上げによって、生産力を得て、さらなる消費中毒に邁進したのではないか。

実は、斎藤［2008］は、岩倉使節団の英国の観察結果を重視している。岩倉使節団は、鉄と石炭の大量使用が英国を支えているとして、「鉄炭力」と表現している。斎藤［2008］は、英国が欧州各国の中でも際立って石炭と鉄の消費が多かったことを指摘し、岩倉使節団の慧眼をたたえている。

人類史をふりかえるに、産業革命後、地下資源への依存度が高まる一方だ。ちょうど、自転車から自動車へという第四章第三節で述べたのと同じ流れで、産業革命の石炭から石油へと地下資源のエネルギーが転換していく。石油は採掘設備は大掛かりになるが、採掘労働は節約できる。何よりも石油は石炭よりもエネルギー量の出力調整がしやすい。これは、製造業で機械を動かすのには好都合だ。実際、一八七〇年に米国でスタンダード・オイル（石油会社）が創立されたことが近代産業としての石油事業の始まりとされるが、ちょうど製造業のアメリカン・システムの普及期に相当する。この時期の米国の工場では、従来は手作業だった工程を積極的に機械化することで労働内容のマニュアル化を進めた。つまり、もしも石油への転換がなければ、製造業のアメリカン・システムも機能しなかった可能性がある。ここでも、地下資源が商工業のパフォーマンスを決定づけているともいえる。

リグリィの議論

産業革命の核心をエネルギー転換とみなす論考としてはリグリィ［1988］が有名だ。リグリィ［1988］によると、産業革命以前から徐々に人力・畜力などの伝統的エネルギーから鉱物エネルギーへの転換が進み、一八三〇年代に全面的な石炭依存に到達したとみなす。この見方は、化石資源こそが近代的経済成長の基盤だという本書の立場と整合する。

リグリィ［1988］は、産業革命が個人主義を生んだという見方も提示している。これも消費中毒が自然や他者とのコミュニケーション能力を喪失させたという本書の見方とも通底する。

リグリィの議論には大きな反響があったが、「単純すぎる」という批判も多かった。リグリィ［1988］の議論は、現代社会が化石資源に強度依存していることへの危険性を暗喩している。その意味では、耳の痛い議論であり、リグリィ［1988］の議論が的確だからこそ、人々（研究者を含む）の圧倒的多数に対しては、情緒的な嫌悪感をいだかせたのかもしれない（そういう反応はまったく不合理であるが）。

4　疑似桃源郷

かつて、原子力は「夢のエネルギー」と言われた。地下資源のような枯渇の可能性がなく、自然環境を汚さず、巨大なエネルギーが得られるというストーリーがまことしやかに広がった。しかし、実際には、処理ができない核廃棄物が蓄積し、放射能による深刻な環境汚染にいたった。

風力発電、太陽光発電などのいわゆる自然エネルギーや核融合などの新技術に期待する声もあるが、それらが化石資源を置き換えるほどのものかは大いに疑問だ。風力発電、太陽光発電においても、設備を作るためにはレアメタルやレアアースなどの地下資源が決定的に必要で、枯渇性資源依存という点では変わりがない。しかもレアメタルやレアアースの採掘・利用は多大な環境負荷を生む（化石資源の場合よりも大きいという推計もある）。

風力発電、太陽光発電において、たしかに発電時はCO_2を発生させないだろうが、発電設備の製造・設置や、耐用年数がすぎてからの処理には、かなりのエネルギー（現時点では大多数が化石資源由来）

を要する。送配電や蓄電のための施設も化石資源を含む地下資源依存だ。その意味では、原子力発電と同じ路線といえる。

人類はエネルギー危機に向かってまっしぐらのように見える。第一章で論じたように、エネルギー危機は人類に悲惨をもたらす。衣食住のすべてに支障が出るが、まっさきに医療と公衆衛生の崩壊によって全世界的な生存の危機が来るだろう。

ところで、かりに、核融合なりの「夢のエネルギー」が実用化されるという奇跡に恵まれ、ありあまるほどのエネルギーが得られるようになる事態を考えてみよう。このとき、飽食暖衣を実現しつつ消費中毒路線を続けることになる。それでほんとうに人類は幸福になるのか？

芋粥

人間はときとして、自分を不幸にする状況を、熱烈に欲っする。それを辛辣に、しかしユーモアを交えて表現した名作文学として芥川龍之介の「芋粥」がある。舞台は日本の古代だ。さえない下級侍で、お金がないために、ごくたまにしかも少量しか食べられない芋粥が好物で、いつかそれを腹いっぱい食べたいと強く夢見ていたところ、予期せずして客人として厚遇され、所望の食べきれないほどの芋粥が給仕されたが、一口も食べる気にならなくなる。夢が失望に変わってしまい、主人公はこれから先をどう生きていくべきかもわからなくなってしまう。

現代人の多くが、高齢化による働き手の不足や、食料の不足を憂えるという論調に染まっている。そして、ＡＩやロボットの開発がその切り札になるかのように論じられがちだ。

現時点ではＡＩやロボットが働き手の代わりになったり、食料を作ってくれたりというのは実現困難な夢のように思える。しかし、エネルギー問題が奇跡的に回避できれば、その程度の技術は開発されるだろう。さらには、ビジネスであれ、芸術であれ、文学であれ、創造的活動の全般において、ＡＩとロボットが人間を凌駕する時代が来ることも想定するべきだ。つまり、ＡＩやロボットで衣食住がじゅうぶんに提供され、人々はベーシックインカムで生きていく時代になるのだ。もはや消費のために働く必要もない。何を消費するべきか、さらには何をなすべきか、迷ったらＡＩに尋ねれば、適当な選択肢を提示してくれるだろう（さらには、ＡＩが単一の最適な選択を教えてくれたり、尋ねる前に何を消費するべきかを決めたりするようになるかもしれない）。結婚相手や居住地や健康管理など、人生における重要な決断もＡＩに主導してもらえるようになろう。このとき、人々は労働からも迷いからも解放される。この状態をとりあえず擬似桃源郷と呼ぶことにしよう。

擬似桃源郷の状態では、人間は単に生きているだけの存在になる。いわば「生ける屍」だ。それは、「芋粥」よりもひどい絶望ではないか。さらに怖いのは、将来世代への影響だ。かりに物心ついたときからＡＩやロボットに生活を主導してもらうことになじんでしまっている状況になれば、「生ける屍」をとくに違和感もなく受容するということになろう。

勤労とは何か

擬似桃源郷下でも、個人がオプションとして働くことを希望する場合もあるだろう。だが、ＡＩとロボットのほうが効率がよいとすれば、個人が働きたいからといって働かせてよいものだろうか？

今日でも、さまざまな理由でハンディを負っている人たちが、単純な効率の計算上はハンディのない人たちよりも劣るけれども、ハンディを負っている人たちの人権を擁護するべく、授産事業として労働の機会が与えられている場合がある。たしかに日本国憲法第二七条は、「すべて国民は、勤労の権利を有し、義務を負ふ」と規定しており、ハンディを負っているからといってその権利が否定されてはならないという理屈はわかりやすい。ただ、ＡＩとロボットが全面的に生産活動を担い、人々がベーシックインカムで生きる時代になるとき、「勤労の権利」や「勤労の義務」が意味を持ち続けるのだろうか。

将来、ＡＩとロボットが全面的に生産活動を担う時代になったときの人間（健常者）のあり方を探るためには、現時点におけるハンディのある人の社会的意義を考える必要があろう。この点で示唆に富むのが渡辺一史の論考だ。

渡辺は筋ジストロフィー患者の鹿野靖明さんの闘病記を『こんな夜更けにバナナかよ』にまとめるなど、ハンディを持つ人たちのノンフィクションを数多く発表している（渡辺［2013］）。私は彼と個人的な付き合いがあるが（会うたびに口げんかになるが）、彼から学ぶことが多い。一般に経済学者というのは社会の平均像を追うことで時流を描くのだが、渡辺は社会からは異質な人物として扱われている人たちを追いながら、実に的確に社会全体がどう変化していくのかを描く。

一般に医者は社会に貢献している立派な人としてみなされることが多い。医者のおかげで病人たちは助けられているからだ。だが、かりに病人が世の中からいなくなったら医者は社会から不要になるのではないか。そういう意味では、医者こそが病人に助けられていることになる。つまり、助ける、助けられる、という関係は瞬時に逆転しうると渡辺［2018］は指摘する。

私見ではあるが、人間の幸福を定義することは難しいが、不幸の定義は容易だ。自分が誰からも必要としてもらえない状態こそが不幸ではないか。そのように考えるとハンディのある人たちは、ハンディのない人たちを不幸から救う機会を提供しているのかもしれない。

ハンディがある人とは真逆で、ヒーローやヒロインをあこがれ、高貴な人のお役に立とうとすることで、あこがれの人から必要としてもらえることを夢見るというのも、不幸から逃れる方法かもしれない。猪木［2012］は、アダム・スミスの言を借りながら、人々は、「雲上人」など、高貴な人たちにあこがれて、そのあこがれが社会の安定要因になることもあると論じる。私自身も、敬服する人に貢献できればうれしいと感じたりする。

自分自身が消費によって効用を確かめたあと、それを他者に味わってもらうことで幸福を味わうというのもありうるのではないか。そこでは、自分自身が消費から得られる効用は、目的ではなく、手段という位置づけになる。

擬似桃源郷の世界では、誰もがＡＩとロボットに養ってもらう状況になる。そうなれば誰もがほかの人から必要とされることもなくなる。

私はＡＩやロボットの開発に反対するわけではない。ただ、かりに擬似桃源郷の状態になった場合にどうするのかを併行して議論するべきだ。使用方法を論じないまま原子核工学や人工生命の研究をすれば危険な顚末になりかねないのと同じだ。ＡＩやロボットの開発が進む前に擬似桃源郷の悲哀にどう向き合うべきか、思考を重ねるべきだ。

沈黙の秋

レイチェル・カーソンが『沈黙の春』を著して農薬の危険性を訴えたのが一九七二年だ。人口爆発のさなかにあって食料不足が心配される中、農薬が単収の劇的な上昇をもたらした。農薬は自然科学の英知の結晶であり、農薬が救世主のように称賛されていた。しかし、農薬は生態系を破壊し、人類にも深刻な影響を与えることをレイチェル・カーソンが指摘した。このまま農薬の濫用を続ければ、動植物の芽吹き・芽生えの季節のはずの春に生命の息吹がなくなるという状況が想定しうるとして「沈黙の春」と表現した。夢のように劇的な食料増産を実現したヒーローは実は悪魔だったのだ。

上述の疑似桃源郷では、稔の秋になっても、誰もが「生ける屍」となっていて、収穫の喜びも感謝もない静寂の世界だろう。さしずめ「沈黙の秋」だ。目下、労働力不足対策としてＡＩへの期待が高まっているが、ＡＩによって危機が回避されたとき、実は悪魔の掌中に陥るというのであれば、「沈黙の春」も「沈黙の秋」も同じ構図だ。

5　消費者の責任

今日の学界・報道界の議論では、一般に、消費者は受け身の弱者とみなされがちだ。そのような認識から、大企業の横暴にさらされないよう消費者は保護されるべきだとか、消費者の自由な選択が尊重されるべきだという考え方があり、「消費者主権」と呼ばれる。

それに対し、猪木［2012］は消費には責任がともなうとして、消費者主権への警告を発する。現在の消費者の選択が、将来世代の選択肢を左右してしまう側面を猪木は強調する（経済学的には「消費の外部性」と言われる）。たとえば今日の消費者が枯渇性のある資源を使い切ってしまえば、将来世代はそれを使えなくなる。今日の消費者が審美眼を持って芸術を育てれば、将来世代の文化を豊かにする。

われわれは枯渇性資源を使い続けている。また、考えるという習慣を失いつつあり、それにあわせた生活スタイルを確立しつつある。いまは幼児が物心つくかつかないころからタッチパネルで遊ぶという時代だ。自然や他者とのコミュニケーション能力を培う機会を今日の消費者が将来世代から奪っているのだ。消費中毒を将来世代に押しつけているという見方もできる。

さらに、ＡＩが社会に浸透し、物心つくかつかないころから判断に迫られたら（あるいは判断に迫られる前に）ＡＩに頼るというのが定着していれば、その世代は、一生涯、思考するという習慣を失ったままますごすことになる。それはＡＩ依存の社会を作り出した先行世代の罪業だ。

第Ⅲ部　未来への旅立ち

第Ⅰ部と第Ⅱ部を通じて、人々は「消費中毒」という深刻な病にあること、このままでは「エネルギー危機」か「生ける屍」の失望にいたると警告した。そこから逃れるための方法はないだろうか。

第6章　識者のトリック

「大学教員のいうことなぞ信じてはいけない」、これも私の口癖だ。前職の滋賀県立短期大学農業部助手を含めるとすでに約四〇年間、大学教員をやってきて、つくづくそう思う。世間で「識者」と呼ばれている人たち（大学教員を含む）の多くは食料危機をあおる。そこには、真実の追究をないがしろにして、単なる処世術に「識者」が流されているという不気味さを感じざるをえない。本章では、「識者」の危険性を論じる。

1　大学教員の不誠実

シンガポールといえば世界有数の物流・人流・金融のハブだ。各国の実力者たちが集まる国際政治の舞台でもある。私は二〇一三年から八年間、毎年最低でも一カ月以上、長いときはほとんどまる一年、シンガポール国立大学に滞在した。シンガポール国立大学内で毎日のようにいろいろな講演会・討論会が開催されていた。私は分野を問わず、視聴しに行った。研究者のみならず、実業家、政治家、軍人、NPO代表、NGO代表、など、登壇者は多彩だが高名を博している人たちが目白押しで、さすがにシンガポールは人が集まると感心した。

ただ、いろいろな講演会・討論会に出席をしているうちに、研究者の論調にバイアスがあることが気になった。本来、研究者は経済的・政治的な利害関係を超えて真実を追究するべきだ。ところが、ときとして政治家や実業家以上に、研究者は自分が所属する集団の嗜好に阿る傾向がある。

いろいろな話題でそれを感じたが、その一例として国境問題が指摘できる。世界各地で領土をめぐって国際的な論争（さらには武力衝突に発展している場合も）がある。国境問題を講演会・討論会で研究者が論じる際、その主張は、総じて研究者が所属する国の政府の論調にきわめて近い。

日本の場合でも尖閣諸島、竹島、北方四島、で隣国と国境線がどこにあるのかについて、見解が隣国の諸政府ときびしく対立している。日本人の研究者が登壇すると、きまって日本政府寄りの主張をする。しかし、この類のことに、どちらかの政府のみが正しく、どちらかの政府のみが誤っているということは信じがたい。もしも真実追究に徹するならば、論調がどちらかの政府寄りにならないはずだ。それなのに、総じて研究者が自国政府寄りの主張をするということは、自国政府に不利な情報を集めないか、集めたとしてもそれを提示しないということだ。この場合、提示されている個々の情報はそれなりに正しいのかもしれないが、全体としては歪んだ情報となる。

研究者はおうおうにして周囲からどう評価されるかを気にする。とくに社会科学者の場合、自ら物を売ったり、作ったりすることは少ない。研究者の提言や主張のほとんどは、自らは特段のリスクを負ってなく、いわば舌先三寸の無責任なものだ。それでいて、周囲から「先生」と呼ばれ、若い人たちに囲まれて快適な研究室が与えられる。まったく、恵まれた環境だ。こういう人間はこの境遇を守ろうという保身志向がある。

研究者に限らず、「識者」と言われる人たちは、自分を「識者」と呼んでくれる聞き手や読み手を敵にしたくない。だから聞き手や読み手が嫌がりそうな情報を排除する（近づかないか、かりに入手してもそれに人前では触れないようにする）。私はこれを「識者のトリック」と呼んでいる。歴史を振り返ると、「識者のトリック」は、ひんぱんに起きていて、上述の領土問題はその一例に過ぎない。むしろ、起きていない場合のほうがまれだと私は見ている。

「知る喜び」の怪しさ

私は大学という職場にいて「知る喜び」とか「学ぶ楽しさ」という言葉をたびたび耳にする。その都度、私は疑念をいだく。真実というのはおうおうにして不快だ（例えば、後述の小笠原の歴史など）。

もしも知ることや学ぶことが喜びや楽しみならば、それは事前に不都合・不愉快な情報が排除されているからではないのか。大学教員の仕事は、そういう情報の取捨選択をして、学習をする者に耳当たりのよい情報しか流さないようにすることなのかもしれない。そうすることによって、大学教員は学生に気持ちよく授業料を払ってもらえるし、「先生」と呼ばれて心地よい生活ができる。つまり、「識者のトリック」という騙しをして、生計をたてているのだ。

人間はときとして騙されることによって癒される。小説などの文学や演劇で描かれる世間は虚構であり、その意味では騙しだ。その騙しの中で、人々は幸福を見出す。

人々は、騙されることに愉悦を感じ、わざわざ騙されるためにお金を支払うことさえある。手品師のトリックがそうだし、いわゆる「太鼓持ち」と呼ばれる職種もそうだ。文学、演劇、手品、太鼓持ちの場合は、あくまでも余興なのだから、とくに咎める必要はなかろう。しかし、「識者のトリック」の場合は、識者があたかも正義を語っているかのようにふるまうという点で悪質ないし危険だ。

たとえば、二〇一一年三月一一日まで、大学の教員の多くは、原子力発電の操業に対して、容認的（消極的容認を含む）ではなかったか（私自身もそうだ）。二〇一一年三月一一日以前の日本は発電の三分の一が原子力発電だった。その状態で原発の操業停止を唱えれば、徹底的な省エネないし電気料金の急騰を受け入れなくてはならない。それは、大多数の人々には嫌な話だ。とりあえず、原子力発電の操業の是非については議論をしないでおこうというのが大多数の大学教員の考えだっただろう。

しかし、福島原子力発電所の発災後、大学教員の多くが原子力発電批判を始めた。それまで沈黙していた自分たちの否にはいっさい触れずにだ。間違いに気づいて意見を変えることは真っ当だが、その際には、過去の自分の誤りを告白し、自己批判したうえでなければ無責任や不誠実の誹りを免れない。

こういう無責任・不誠実は傲慢の元凶になる。かりにかつては善行をしていても、ひとたび傲慢に陥ればセルフチェックがなくなり、悪行がどんどん増長する。

コロナ禍と大学教員

新型コロナによるパンデミックへの対応でも、大学教員の無責任・不誠実を見せつけられた。経済学者はおうおうにして小難しい専門用語や数式を使っていかにも高尚そうな議論をする。しかし、新型コロナでたくさんの人々が失業したり破産したりという苦しみを味わったのに、彼らの痛みを経済学者の圧倒的多数は他人事のようにとらえていたのではないか。新型コロナのパンデミックを事前に警告しなかったことを自己批判している経済学者がどれだけいるのか。

人流・物流の活性化と人類による生態系破壊が全地球的規模で進む中、新種の伝染病が世界的規模でパンデミックをひきおこす可能性はじゅうぶんに想定できたはずだ。実際、二一世紀になってからも、SARS、MARS、エボラ出血熱といった新しい伝染病が発生していた。それらは、幸いにも、全世界的規模で流行する手前で収束した。だが、それらは世界的なパンデミックが起きて経済を大混乱する事態が起こりうることを示していた。しかし、オーバーツーリズムとか金融緩和とか、ふりかえってみると、些細な話題にパンデミック直前まで経済学者の議論は終始していた。

パンデミックのさなか、物流人流の停止で多くの人々が困窮する中、多くの大学は入学金も授業料もパンデミックとは無関係にほぼ通常どおりに徴収していた。教員の給料にもほとんど影響はなかった。パンデミックの打撃が少なかった職場といえよう。パンデミックの中、大学教員が、政府の対策をあれこれと批判するのだが、いったいそういう資格が彼ら（私自身を含む）にあるのか。

パンデミックに関して大学教員の無責任・不誠実をとがめる声はほとんど聞かれなかった（授業料が変わらないのに対面授業やサークル活動がないことへの不満はあっても）。この背景には、大学教員が「空気を読む」ことに長けていて、すっかり読者や聴衆の歓心を得ていたという「貯金」のおかげだろう。そのときそのときで、人々が好みそうな話題をとりあげ、人々が好みそうな主張をしてきたことで、確固たる「貯金」があるのだ。

もちろん、人々といっても、右寄りか左寄りか、外国に対して好意的か懐疑的か、自然保護優先的か開発優先的か、など、バリエーションはある。しかし、いずれの場合でも、自分が想定する人々が嫌いそうな話題や主張は避けるという点で共通している。大学教員の間で論争があっても、それは真実追究のためではなく、人々の意見のばらつきの反映とみるべきだ。その論争は、いかに見かけ上は激しくても、万人が嫌う話題や主張は避けるという暗黙の了承のもとで行われる一種の「出来レース」という可能性をつねに疑うべきだ。

リアル・ニュースにご用心

「識者のトリック」の一例として、小笠原諸島（以下、「小笠原」と略記する）の領土問題がある。私は、かつて小笠原農業について調べたことがあり、その際に、小笠原の歴史をほじくり返していると意外な情報に次々と出くわした。たとえば、日本政府が小笠原を領土として宣言した一八七六年、小笠原には欧米系の先住者がいた。彼らは帰化人として扱われるのだが、この過程には人権の毀損がある。いまの日本人は隣国の「力による領土拡大」を批判しているが、小笠原の歴史に向き合う勇気がないのだろうか。「沖ノ鳥島が島といえるのか」、「玉砕も許されず過酷な交戦を日本人兵士に強いた太平洋戦争期の硫黄島での戦いは何のためだったのか」、「軍医が渡航を拒否（米軍からの攻撃を怖れて）したため結果的に徴兵検査を免れた島民の存在」など、日本人として直視するのが辛い話題が噴出する。

小笠原は敗戦後二三年間、米国の統治下にあったが、一九六八年に主権が日本政府に返還された。二〇一八年はそれから半世紀の節目だった。当時は、中国海軍の艦艇による尖閣諸島周辺の日本の接続水域への侵入、韓国の国会議員の竹島上陸、北方領土の二島先行返還論、など、領土問題への人々の関心が高まっていた。しかし、小笠原については、あまり報道界も政界も学界も大きくとりあげなかった。日本人にとって不愉快な情報を避けたのではないか。

フェイク・ニュースの有害性がしばしば指摘される。ＡＩなどの発達によって、架空のインタビューや出来事が、あたかも本物であるかのように流されることもある。もっと単純に、願望で作り出されたストーリーが、そのストーリーを気に入った人たちが協同作業的に本物に見たてて頒布されることもある。二〇一六年米国大統領選挙でクリントン候補に不利なフェイク・ニュースが拡散して彼女の敗退原因になったのではないかと大きく報道されている。確かに由々しき問題だ。

だが、リアル・ニュースならば問題ないのか？　先述の領土問題のように、リアル・ニュースをつぎはぎするのが「識者のトリック」だ。フェイクかリアルかを問題にするのみでは片手落ちだ。

なお、「識者」に対する批判として、「御用学者」というのがある。特定の勢力の意向に添った主張を展開する研究者を揶揄する呼称だ。たとえば、原子力発電問題で経済産業省や電力会社寄りの主張をする人たちで、一般には「けしからんやつ」として批判されがちだ。

だが、私からすれば、「御用学者」ぐらい性質のよい「識者」はいない。「御用学者」の言説が偏向しているのは誰の目にも明らかで、その意味では人畜無害だからだ。

普通の学者のほうが「御用学者」よりも性質が悪い。いかにも良識派のふりをして、先述の「識者のトリック」を平然と使うからだ（自覚的であれ無自覚的であれ）。

「識者」が正義を騙るとき

「識者」は、おうおうにして「悪い奴をやっつける」という「桃太郎の鬼退治」のような構図で正義を表現しがちだ。そういう勧善懲悪的な構図には、テレビのドラマやアニメの「ヒーローもの」のような爽快感がある。

だが、悪い奴がそうそうみつかるとは限らない。あるいは悪い奴が「識者」にとって敵にしたくない場合もある。その場合は、逆襲を食らう可能性が低い誰か（個人であれ集団であれ）を悪い奴に仕立てるということになる。どんな個人でも集団でも、善行もあれば悪行もある（人間は神ではないのだから、一〇〇パーセントの善行も一〇〇パーセントの悪行もありえない）。そこで善行はとりあげず悪行のみをとりあげれば、どんなに善行を同時に行っている個人ないし集団だろうと、悪い奴に仕立てることができる。これも「識者のトリック」のうちだ。

歴史をふりかえってみても、そういうやり方で特定の個人・団体が正義の英雄として人気を博するということはしばしばあった（その後、化けの皮がはがれて極悪へと評価が反転する場合も）。日本の戦争中の「識者」の行動をみても、英国や米国などを悪に見たてて正義を論じるということは多々あった。それはかつての「識者」のことであって、いまの「識者」は違うといえるのだろうか？　この類のことは、時間がたたないと、真相が見えてこないものだ。この類のことにセルフチェックは効かない。「識者」は自分自身の「偽りの正義」に気づかない（おそらく、気づきたくもない）。

私自身も大学教員という職業にある以上、「偽りの正義」にどっぷりつかっていて、しかし、どこで偽りをおこしているかも自覚できないでいる。「泣いた赤鬼」の寓話が教えるように、正義を掲げるものは、ときとして、とめどもなく残忍になる。恐ろしくもあり、悲しくもある。

立ち向こう人の心は鏡なり

「立ち向こう人の心は鏡なり　己が姿を移してやみん」という言葉を私は一八歳で郷里を離れるまで、毎日、父から聞かされながら育った。郷里を離れて四〇年以上、また父の死から三〇年以上経つが、この言葉が私の鼓膜にいまも響く。私が誰かの言動に不快感を持つとき、その誰かの言動を深呼吸して観察し直すと、そこには私自身と同じものがみつかる。相手の奸悪に不快感を抱いているのではなく、自分自身の奸悪に不快感を抱いているのだと知る。「正しい自分vs.悪い奴」ではなく、「己が姿を移してやみん」なのだ。

本書では繰り返し、利便性に流される現代人のだらしなさを指摘してきた。研究者の無責任・不誠実を指摘してきた。それらは、すべて、私自身だ。

いま、私は、批判をすることが仕事になっている。批判を向けている相手の姿に、批判を発している自分自身の姿をみつけなければならない。いたって実現できないけれど、それを挟持としたい。

2　知識は思考の屍

知識というものは、総じて懐疑的に接しなくてはならない。かつて正しいと思われていたものが後になって間違いだと判明することはいくらでもある（その逆で、かつては間違いと思われたものが正しいと判明することもある）。知識は半分が正しく、半分が間違いぐらいに、懐疑的に考えるのが健全だろう。

かりに個々の知識が正しくても、自分にとって好みの知識ばかりを集めれば、全体としてはとんでもない偏見を生む（先の領土問題もその一例だ）。知識量が多いことや、最新の情報を持っているからといって、真実に近いとは考えない方がよい。むしろ、知識に頼る人は危険だ。思考をやめた人間（大学教員に多い）はおうおうにして知識をふりかざすからだ。

思考を「料理」、知識を「食材」にたとえればわかりやすいかもしれない。新しい食材をみつけたからと言って、手持ちの食材が多いからといって、よい料理ができるとはかぎらない。

これは私見だが、思考の本質は五感を超えて真実を追究することにある。人智なぞ大したものではない。見えていないこと、聞こえていないこと、におわないこと、触れていないこと、味わっていないこと、それらを探るのが思考だ。思考の結果、たいがいの場合、それまでの世界（価値体系）を捨てて、あらたな世界（価値体系）に入っていくことになる。いったん居心地のよい世界に遭遇すると、そこにとどまり続けたいというのが人の情だろう。しかし、この世はつねに変化する。何よりも自分自身の寿命が刻々と縮まっていくのだから、同じ世界（価値体系）に居続けることは必然的に矛盾を生む。

「知識は思考の屍」というのが私の口癖だ。思考の屍をいくら集めても思考の生体にはならない。手持ちの知識はつねに疑わなくてはならない。

思考停止は生理現象

人間にとって思考停止は生理現象のようなものだ。たとえば、北里柴三郎の絵よりも渋沢栄一の絵の方が一〇倍の高価値とみなしてよいのかと疑い始めては、日常生活ができなくなる。

この点は、いわゆる「頭のよし悪し」とはほとんど関係ない。私はスタンフォード大学、イェール大学、シンガポール国立大学と、世界でトップクラスの大学に長期滞在をした。そこで、さまざまな分野の秀才・天才を見てきた。だが、彼らにも（こそ？）思考停止があった。

たとえば、私の専門分野は開発経済学で、途上国がとるべき政策が論じられるのだが、学校教育や自由選挙といった先進国的な仕組みが途上国に浸透することがよいことだという点について、ほとんど疑問の余地がないかのように論じられがちだ。しかし、それは先進国の価値観の押しつけではないのか？　教育の中身を吟味しなくてよいのか？　自由にともなう義務を考えなくてよいのか？　これらの問いかけの重要性に研究者が気づいているはずだが、あまりにも根本的過ぎて議論の大前提が変わってしまいかねず、学術的探究には邪魔になる。「とりあえずここでは問題外」というのが無難な選択ということなのだろう。

思考の作業量は、思考の深度（どこまで掘り下げて考えるか）だ。それに対して、頭のよさは、思考の速度だ。皮肉なことだが、頭がよいほど、「どこで思考を止めるべきか」をすみやかに察知（あるいは無意識に判断）する。

理路整然は逆効果

私は日本各地に出向いて農林漁業をはじめさまざまな活動を観察するが、何か新しいことに気づいたときは、その分野の研究者には話さないようにしている。彼らは、現実問題としての重要性よりも、専門分野の研究論文になるかどうかで判断する傾向があるからだ。

たとえば私が長年、取り組んできた問題のひとつとして、農地の農外転用がある（神門［2006］、神門［2012］、神門［2022］）。農地を宅地などの非営農目的の用途に転用すると、膨大なキャピタル・ゲインを得る。農地は農外転用が規制されている代わりに農業補助金が支給されているというのが表向きの仕組みだが、実際にはこの転用規制が政治力でしばしば運用レベルで捻じ曲げられる。地権者は農業補助金をふんだんに受け取った挙句に、地権者の都合のよいタイミングで転用規制を外してもらって「濡れ手で粟の利益」をしばしば手にしているという実態だ。その利益を金額換算すると、毎年の米の生産額をはるかに上回る。かくして、地権者（農家）の多くが、農業生産よりも農外転用でどうやってお金儲けするかに関心が向きがちになる。このような状況では、農産物の品質も悪くなるし、農家の栽培技量が上がるはずがない。日本農業総体に関わる重大問題だ。

だが、いわゆる農業問題の専門家はこの類の議論をしたがらない。「農地転用で金儲け」という話は「農家は純朴」という一般的に普及しているイメージからはほど遠く、世間からのウケが悪いのが理由だろう。さらに、日本では農地に限らず、土地に関わる問題は複雑になりやすい。「地上げ」だったり「占拠屋」だったり、反社会的集団が絡むこともある。いわゆる専門家は、農地法など法律の文言やら「保護すべき農地とそうでない農地の線引きを明確にするべき」なぞという建前だけを論じて、運用の問題には首を突っ込まない傾向がある。たしかに、その方が論じていて安全だ。

「農地転用で金儲け」という話を私があえてすると、「それがすべてとは限らない」「証拠が足りない」という反応がよくある。ここで注意するべきは、人々は自分に都合よい情報はほとんど証拠なしで受容し、自分に都合の悪い情報には徹底的な証明ないし証拠を求める。

徹底的な証明ないし証拠を求められたら、勝ち目はない。ひとつでも例外があれば、でたらめの言説とみなされる。しかも、かりに証拠や証明を積み上げていけば、同意ではなくむしろ反発を買う可能性が高い。

たとえば、「尖閣諸島は日本固有の領土」という耳当たりのよい言説には厳格な証拠を求める人はあまりいないだろう。逆に「尖閣諸島は日本の領土とは認めがたい」という言説には、そしてその主張が理路整然としていればしているほど、その主張を受け入れまいとして難癖をつけるのではないか。証拠が提示されるたびにその証拠の不備を求めてアラ探しをするだろう。

3　本の時代の終わり

社会の風潮が変化するとき、よく「最近の若者は」という表現が使われがちだ。しかし、これはフェアでない。高齢者はかつての自分自身と若者を比較することができる。しかし、いまの若者はかつての高齢者がどうだったかを知らないからだ。そもそも、若者だけが変化して高齢者は不変なぞということがあるはずがない。

自分自身が高齢者になったいま、高齢者こそ本を読まなくなったと感じる。かつて読書家だった人があまり本を読まなくなった。かつては、電車に乗っても、喫茶店でも、本や雑誌を読んでいる人をよく見かけたが、いまやスマホをいじくっている人ばかりだ。

スマホでも記事なり文章を読んでいる場合もある。しかし、スマホの情報はおうおうにして短くてわかりやすいことが求められる。一度読んだらそれでおしまいにして、次の展開に移っていくというのがスマホの世界だ。一見して自分に気に入らない情報であれば無視し、気に入れば「いいね」を押して、次に移るのだ。

私のような旧い世代は「何度も繰り返し読んで、その都度、味わいや発見がある本」が良書と教わったし、私自身もそういう感覚がある。少々、難解なほうが読みごたえを感じることもある。だが、スマホに慣れきってしまうと、繰り返し読むという作業自体がなくなる。そうなると、思考回路も変わる。

スマホでは動画やゲームもふんだんにある。気軽に楽しめるが、そこでは文字は出てこないか目印程度の意味しかない。こうなると、ますます本からは遠ざかる。

私は出版関係の仕事をする人たちとのつきあいが多いが、彼らからも「最近、本を読まなくなった」と自嘲の声を聞く。

本が世の中から消えたわけではない。しかし、本を読むにしても、その目的が変わった。「同じことを三回書くのが、売れる本を作るコツ」という話を聞いたことがある。いまの読者は本を読む前にすでに結論を決めていて、その結論を何度も確かめたくて本を読むというのだ。換言すれば、あらたな思考のために本を読むということは激減したということだ。

「同じことを三回書く」というのは極端にしても、ごく最初の部分をさらりと読めば、内容があらかたわかるような本が著しく増えてしまった。こうなると、ますます本を読む力が落ちていくという悪循環に陥る。私のような仕事をしていても、読書の質が劣化する。

本の時代が終わろうとしている。それは決して媒体が紙から液晶ディスプレイに移るだけではない。人々は「自分の好きな情報を選ぶ」のみで、思考という作業が消え去ろうとしている。

ＳＤＧｓの欺瞞

国内の学校に運動会の自制を要求しながら東京五輪は開催を強行された。事後になって誘致をめぐる不正や、スポンサー契約に関連して受託収賄があかるみになるなど、東京五輪開催に何の意義があったのか、疑わしい。しかし、東京五輪でよかったことがひとつある。それは、「五輪貴族」の存在があぶりだされたことだ。「人間の尊厳の保持に重きを置く平和な社会の推進を目指すために、人類の調和のとれた発展にスポーツを役立てる」なぞという立派な文言を五輪憲章として掲げながら、実のところは特権階級的に厚遇と愉悦に興じている人たちの存在があぶりだされた。

二〇一五年九月の国連サミットで、持続可能な開発のために必要不可欠な、向こう一五年間の新たな行動計画が策定された。その中で、二〇三〇年までに達成するべき持続可能な開発目標（ＳＤＧｓ）として一七の世界的目標と一六九の達成基準が示された。昨今、このＳＤＧｓに賛意を示すのが「お決まり」になっている。しかし、五輪憲章の美辞麗句がよこしまな動機のために使われたように、Ｓ

ＤＧｓの礼賛は先進国の傲慢を増進し、危機への加速をもたらすかもしれない。

肥満と化石資源依存

本書の関連でいうと、ＳＤＧｓでは飢餓の解消が目標として強調される一方で、肥満（とくに途上国の）の削減が目標としてほとんどとりあげられない。第一章で指摘したように、途上国の肥満は先進国から押しつけられたものという色彩が強い。しかも、肥満問題は年々深刻化しており、放置できない状況なのはあきらかだ。肥満は個人の嗜好の問題で介入するべきではないという意見もあるかもしれない。では、先進国でさかんな喫煙を抑制する動きはどうなのか？　かつて先進国はアヘンを中国に売りつけるという暴挙をしたが、いまは違うといえるのだろうか。

第二に、枯渇性資源に対する歯止めがない。温室ガス抑制などはあるが、地下資源を採掘し続けることを直接的にとがめる文言はない。見ようによっては、将来世代に地下資源の枯渇という犠牲にすることにＳＤＧｓは「お墨付き」を与えることになってはいまいか。

とくに、一九九〇年代以降、シェールガスという新たな化石資源の利用が急拡大しているが、シェールガスの採掘に際しては、地層を強引に破壊しており、地下水資源の枯渇・汚濁、大気汚染をもたらすし、地震の誘発になっているという説もある。実用化されてからの歴史が浅い技術なだけにまだ弊害が顕在化していないが、環境に対してはかなり有害な可能性がある。

現時点でシェールガス採掘への歯止めは見当たらないし、ＳＤＧｓを支持している人たち（CO_2削減を訴えている人たち）も総じてシェールガスの採掘を話題にしない。シェールガスの主産地が米国で、国際政治や国際経済で強い力を持っているからという側面もあるだろう。しかし、それ以上に、現代人の多数派（とくに先進国の人々）が、化石資源がもたらしてくれる利便性を手離したくないというホンネがあるからではないか。CO_2削減を訴えている活動家たちが、化石資源由来の資材でできた衣服や携帯品を常用しているのはなんともちぐはぐだが、現代人の心根の反映なのかもしれない。

佐々木［2020-21］はＳＤＧｓは一七の目標が網羅的で優先順位がないことを問題視している。一七の目標のうちの一つにでも合致すれば、ＳＤＧｓを満たすと強弁することができるのだ。逆に言うと、何をやっても一七の目標のどれかに背くとして攻撃される可能性がある。

たとえば、本書の第三章第三節で言及したコウノトリ育む農法はメタンの発生が多い栽培方式なので、「温室効果ガス削減」というＳＤＧｓの考え方には反するという見方もできる（メタンは二酸化炭素に次いで主要な温室効果ガスだが、全地球の年間メタン発生の約一割が水稲栽培由来といわれる）。その一方で、コウノトリ育む農法は種の多様性保護の効果があるとしてＳＤＧｓに即しているという見方もできる。

異なる見方に白黒をつけようとするとき、結局は交渉のテクニックに長けた者に軍配が上がるというのは国際政治の常だ。そして、日本がそういう国際交渉ではなかなか勝てないというのも厳然たる事実だ（後述のノルディックスキー複合のルール変更はその典型例だ）。

実は、コウノトリ育む農法に限らず、水稲栽培そのものがメタンの発生源になっているとして禁じようという動きもＳＤＧｓをめぐる国際的な議論の中でしだいに強まっている。小麦やトウモロコシの栽培がさかんな欧州や北米の各国にとっては、ＳＤＧｓにかこつけて水稲栽培を禁じることができれば、そのぶん、小麦やトウモロコシへの需要が増えるから、自国の農業者の利益となる。

目下、日本ではＳＤＧｓを礼賛する傾向にある。もしも、ＳＤＧｓとして水稲栽培が禁じられたら、目下のＳＤＧｓ礼賛者たちは粛々として受け入れるのだろうか？

持続的成長というＳＤＧｓの精神論はなかなか反論しがたい。しかし、立派な精神論を掲げつつ自分勝手な暴挙が繰り広げられるというのはよくあることだ。たとえば、某国のリーダーは「平和のため」と称して、他国を爆撃した。もっともらしい名目を掲げられるときこそ、悪事が潜んでいないかと疑うべきだ。ＳＤＧｓはかなりあやしい。

国際ルールの傲慢

かつて「先進工業国」という言葉がさかんに使われたように、先進国は工業力で世界経済を圧倒していた。しかし、戦後、先進国の工場は閉じていき、かわって途上国で工業化が進んだ。この背景には、途上国のほうが低賃金で環境規制も緩いことが指摘できる。

ただし、工場を失っても、ただちに先進国が途上国に対する経済的優位を失ったわけではなかった。経営管理や新技術開発などでの優位を先進国は維持した。そういう分野を担う人材が途上国で育つには時間がかかるからだ。だが、いまや、経営管理でもＩＴや宇宙開発など最先端分野の技術開発でも、インドや中国をはじめとする途上国が先進国から優位を奪いつつある。

こういう環境にあって、先進国が優位を維持するための最後の領域が「国際ルール作り」だ。長年にわたって国際社会をリードしてきただけに欧米社会はルール作りが巧みだ。かつて日本選手がノルディックスキー複合で King of Ski の称号を得るほど大活躍し始めるやいなや、ルールが変わって一気に日本選手が凋落したことがある。

先進国は標的とするべき国の生産活動を「国際ルールに反する」と認定することによって、停止に追い込むことができる。「気に入らないから買わない」ではなく「気に入らないから作るな」というわけだ。たとえば、アニマル・ウェルフェアとかチャイルド・レイバーとか知的所有権侵害だとか、もっともらしい理由をつけて操業停止に追い込むのだ。

ＳＤＧｓには、前身がある。二〇〇〇年九月、国連ミレニアム・サミットに参加した一八九の国によって採択された「国連ミレニアム宣言」でＭＤＧｓと呼ばれる。ＭＤＧｓは二〇一五年までに達成するべき国際社会共通の目標をまとめたもので、ＳＤＧｓの根幹はＭＤＧｓを受け継いだものだ。

内容が共通しているのにもかかわらず、先進国での注目度はＳＤＧｓのほうがＭＤＧｓよりもはるかに大々的だ。この理由として、ＭＤＧｓ発表からＳＤＧｓ発表までの一五年間で、先進国の経済力が顕著に低下したことが指摘できる。二〇〇一年一二月のＷＴＯ加盟を契機として、中国がめざましく国際経済での地位を高めていった。中国には民族差別や環境破壊の点で弱みがある。経済で劣勢ならばルールでそれをしのごうというのが先進国の発想となっていると解釈するべきだろう。

第7章　農業と教育の再定義

消費中毒の中で自然環境とのコミュニケーション能力を人々は喪失したのではないかという仮説を提示した。消費中毒から醒めるためには、まず、自然環境とのコミュニケーション能力を回復させる必要がある。そのための道筋を探る。

1　農業の再定義

農業について「食料生産のための大切な産業」という表現がしばしばされる。いかにも農業を重視し、農業を擁護するかのような印象を与える表現だが、実はこの表現こそが農業を台無しにする。衣食住のうち、食以外における農業の役割を捨象しているからだ。

もともと、衣食住の全般にわたって農産物が使われてきた。衣服や梱包の原料のために麻や綿を作ったし、稲わらは履物や敷物に使われた。紙、染料、装飾、遊具、薬、化粧、香料、などさまざまな用途で農作物が使われた。これらの重要性は食物に比べて決して劣らない。体温保持は命にもかかわる。身の回りのものが発する匂いは無意識のうちに人間の行動・生理を動かす。日用雑貨は運動や休憩の仕方を規定し、発育や健康にも影響をおよぼす。

なぜ、いまのわれわれは農業を食料生産に限定しがちなのか。この背景には、第一次世界大戦以降の化学工業の発達がある。第一次世界大戦は、毒ガスなどの化学兵器が初めて本格的に実践されたが、並行して化学工業が目覚ましく発達した。化学繊維やプラスティックといった安価で便利な資材が衣と住に関して開発された。これらは日常生活をあっという間に席巻した。つまり、費用や利便性で工業製品にかなわない部分から農業を撤退させた結果、食料が残ったというわけだ。

この路線を踏襲するならば、かりに食料の工場生産が可能となれば農業は要らないということになる。生命工学が発達して培養肉が安価で大量に作れるようになったり、核融合などでふんだんにエネルギーが採取できるようになって人工光や人工土壌や人工水などを際限なく人造し、閉鎖型植物工場でじゅうぶんな食用植物が工業的に生産できるようになったりすれば、農業は消滅するべきという理屈になる。はたしてそれでよいのだろうか。

この問いに答えるヒントは、馬産にあるのではないかと私は考える。いまでこそ馬産はあまり見かけられず、特異な分野という印象を受けるかもしれない。しかし、戦前期は内閣総理大臣の直轄機関として馬政局が設置されるなど、馬産は花形部門だった。

伝統的農家において、子供が最初に任される仕事が馬産だ。馬肉を食べる機会もあるにはあるが、それは馬産の主目的ではない。馬の脚力が運搬、農耕に使われるが、シンプルに楽しみのために乗馬もある。賭事（草競馬）、神事、祭事、軍事、などさまざまな用途がある。

子供への教育効果も大きい。馬を通じて、人間がほかの動物とどう違うのか（あるいは共通なのか）を学ぶ。餌の採集を通じてさまざまな植物を学ぶ。馬産にかかわるありとあらゆる知識について、年配者から教えてもらったり、子供同士で話し合ったり、自分で考えたりする。要するに、馬を通じて、動植物や他人との付き合い方をおぼえるのだ。

筆者が提唱する農業の定義は「作物や家畜から生きる術を学ぶこと」だ。人間も地球環境の住人であり、ほかの生物との間に状況によってさまざまな相互関係を持つ。家畜や作物に対して、人間はあるときには保護を与え、あるときはあえて負荷を与え、あるときには食べるためなどに殺す。どういうときにどういう関係を持つべきなのかを探ることを農業と定義するのだ。

上述の馬産でも指摘したように、われわれは、家畜や作物からいろいろなことを学ぶことができる。生殖や殺生の意味、けがや病気への対処、危険への察知能力、音楽や美術の想像力、などだ。

ここで、作物・家畜と観賞用動植物・ペットとの違いがある。観賞用動植物・ペットの場合は人間が主で観賞用植物・ペットは従だ。だが、農業では家畜・作物がいわば師匠で、人間が従だ。師匠である家畜・作物が何を求めているかを、人間が察知する力を養わなくてはならない。

沖縄の闘牛

今日では馬産はすっかり下火になっているが、馬産に通じる農業が沖縄の闘牛だ。私は、闘牛博士の異名を持つ宮城邦治さん（沖縄国際大学名誉教授）に案内していただいて、二〇一六年五月に沖縄の闘牛を見学に行った。

宮城さんは、闘牛に限らず、沖縄の産業に詳しいし、何よりも行動力と思いやりの人だ。闘牛を見に行く途上、ニンジン畑で働いている老人をみつけて、自動車を止めて、ウチナーグチをまじえて、農業の様子を聞き始めた。ウチナーグチがわからない私のために標準語への通訳をしてくださり、私にもその老人に質問するように勧めてくださった。その際、私がニンジン栽培のポイントを探る中で「この地域の降水量はどのくらいか」と尋ねたのだが、あとで宮城さんにやさしい口調で、しかしきっぱりと叱られた。「降水量などという難しい言葉を使ってはいけません、雨がどれくらい降るかという具合に聞きなさい。彼は、子供のころから家計を助けるために働いて、小学校もろくに通えていません。せっかく私たちに心を開いて話してくださるのだから、学歴がないことをひけめに感じさせないようにこちらが注意しなくてはなりません」というのだ。このような洞察と配慮があればこそ、宮城さんは闘牛に関わる人たちをふくめ、多くの人たちから信頼されるのだろう。

沖縄本島の全島大会は最大の闘牛イベントだ。二〇頭が選りすぐられ、二頭ずつで一〇番の対戦が組まれる。会場のうるま市多目的ドームは、もっぱら闘牛用の設計だ。鉄柵と土塁に囲まれた直径約二〇メートルの円形グランドが対戦場になり、すり鉢状に観客席がある。三五〇〇人収容の客席は満杯で、最後部では立ち見や通路に座り込んでの観戦となる。

ふだんはおとなしい牛たちも、本能として闘争心を秘めている。一対一での対峙を仕向けられると、巨体をゆすぶってぶつかり合いを始める。とがった角で相手の顔を突き、角をからめて相手の首をねじ上げる。力任せに押し込むときもある。牛が消耗し、血みどろになっていく様子に観客が興奮する。試合を盛り上げるのがアナウンサーの名調子だ。牛の過去の戦績やふだんの様子をまじえながら、勝負の進行状況を追うのだが、宮城さんが個々の牛について日ごろから集めた情報をアナウンサーに伝えるという黒子役をしている。

相手に背後をみせて逃走した側が負けだ。どんなに傷ついても、押し込まれても、相手に正対する姿勢を取る限りは負けではない。攻撃力があっても、粘りがなくて負けてしまう牛がいる。負けを認めた相手を、さらに打撃しようとする牛もいる。以前の試合で負けた記憶がよみがえるのか、対戦場に入ろうとせず、不戦敗になる牛もいる。

全試合が終わったあと、ドームに近接する係留場に観客は立ち寄り、牛たちを見舞う。牛の傷口を見ているだけで強烈な痛みが伝わってくる。

試合内容や個体差があるが、ひとつの試合を終えると、次の試合まで三カ月はおかないと疲労が回復しない。試合がない間は、飼い主やその仲間たちが牛の世話をする。

闘牛はふだんは一頭ごとに特別な係留小屋で丁寧に飼育されている。「表札」のように各牛の名前が掲げられ、天井も柵も敷料も入念だ。係留小屋の横にはだいたい闘牛仲間がたむろす詰所がある。闘牛の試合を収録したＤＶＤをみながら泡盛や焼酎で談笑している。

放課後になると、子供たちが加わる。闘牛には、年寄りから子供まで、それなりに仕事がある。餌集め、清掃、マッサージ、試合入場時の装飾作り、角研ぎ、などなどだ。世代を超えたコミュニケーションがある。子供たちは試合の盛り上げ役でもある。入場時には牛を囲んではやしたてる。試合に勝てば、子供たちはかわるがわる牛の背中に立ち乗りをし、歓喜の踊りを観客に披露する。

子供たちは普段からかわいがっている大好きな牛が血だらけになって闘うのに熱狂し、試合後の牛の損傷に同情する。そういう矛盾した心理・感情を万人が宿す。人間も動物の本能としての残忍性を内に秘めている。そのことを心にとどめ、自分自身をどうやって制御するかを覚えなくてはならない。少子化やゲームソフトの普及など、いまの子供たちは、とっくみあいをする機会が減っている。もちろん喧嘩はよくないが、腕力も使い方次第で大きな傷を心身にもたらすことを知らずに大人になるのは危険だ。何かの拍子に万人に潜む残忍性がうごめきだしたとき、抑制が効かなくなりかねないからだ。その点で、闘牛は貴重な情操教育だ。

ちなみに、沖縄農業の基幹作物といえばサトウキビだが、これが牛に飼育との相性がよい。トップと呼ばれるサトウキビの先端部分は牛の大好物だ。製糖工場から出るサトウキビの搾りかす（バカスと呼ばれる）は牛小屋の敷料に使えるし、牛糞に混ぜ合わせて絶妙のたい肥を作ることもできる。

もしも餌と敷料を外部に頼れば、口蹄疫をはじめとして有害なウイルスが付着して入ってくる危険性が増大する。沖縄は奄美と並んで優良な肉用種の仔牛の産地だが、口蹄疫などの伝染病が世界的に拡大する状況下にあって、牛の飼育の防疫上もサトウキビが大切だ。砂糖輸入の自由化圧力や農業労働力の不足などで国産サトウキビ生産は苦戦しているが、てこ入れの余地はある。

闘牛の牛は乳用種や肉用種の混血で、原種は欧州にある。沖縄は隆起サンゴ礁台地という地質・地形や、海風がよく当たるなど、欧州と共通しているところが多々あり、案外と牛の飼育（とくに放牧）に適している。ふだんから沖縄の人たちは牛好きが多い。本州の畜産農家が、周囲から動物の匂いや鳴き声が迷惑がられてしばしばトラブルになっているのとは対照的だ。闘牛の試合に備えての訓練のために、海岸へとひかれていく牛に、道行く人々は好意の声をかける。沖縄の人たちの牛への愛着を感じる。

闘わすために牛を飼うのは残忍だという見方もある。スペインの闘牛はきびしい批判を受けて存続が難しくなっている。日本国内からは沖縄の闘牛をとがめる声はあまり聞かれないが、国際的な潮流を注視しなければならない。

　私は沖縄の闘牛という言い方を変えるべきではないかとも思う。人間（闘牛士）が公開の場で牛を殺すというスペインの闘牛と混同されかねないからだ。代わって「牛相撲」という言い方はどうだろうか。相撲については欧米人の間にもよいイメージがある。いくばくかは動物愛護運動がさかんな欧米の人たちからの批判をやわらげられないか。

　食べるために家畜を飼育するのも、じゅうぶんに残忍だという考え方もある。第三章で述べたように、北海道で乳牛の使い捨てのような酪農をしていることに比べれば、闘牛の飼い方は実に丁寧だ。

小久保秀夫さんと勝部徳太郎さん

　生徒のパーフォーマンスのよさを自分の手柄だと自慢する教師を、信じることができるだろうか。子供のことを何でも分かっているかのような言動をする教師を信じることができるだろうか。そういう驕った教師に育てられれば、子供の心も歪む。ナントカ先生、ナントカ教育法、ナントカ教材、という具合に、枠組みが強調され、それに生徒をあてはめるような学校では、まともな教育は期待できない。

　農業者が相手をするのは作物や家畜であって、人間の子供ではないが、生命を育てることにおいては教師と通底する。ナントカ農法という類の「お題目」に拘泥してはならない。

「作物や家畜から生きる術を学ぶこと」という本書での農業の定義のもとでは、農業者は謙虚で虚心坦懐でなくてはならない。このことに関して、いまは亡き二人の農業名人の生きざまが参考になる。一人の農業名人は、小久保秀夫さん（一九四七～二〇一三年）だ。「愛善みずほ会」という戦後直後に設立された農業団体の指導員として、各地（海外を含む）に出向いていた。小久保さんの晩年の五年間、彼の農業指導の現場に私はひんぱんに同行した。

農業グループとしては「愛善みずほ会」の創設時の主要メンバーは島本覚也と言って、木材くずのたい肥化で革新的な技術の開発者としても知られる。愛善みずほ会は土づくりや葉面散布などで卓越した技術を持っていて、「愛善酵素農法」とか「島本農法」と呼ばれる。

小久保さんは農地を一瞥しただけで、それまでの作物の肥培管理を見抜く。さらには、前作に何を植えていたのかとか、栽培者の性格とか、千里眼のように見抜く。最終学歴は定時制高校中退だが、独学で化学はじめ営農に関連する分野を勉強している。ただし、決して知識や理論に頼ることはない。圃場の状況を具に観察し、その場、その時の感得を大切にして、問題の所在を見抜く。

「農家はだいたい嘘をつく」というのが小久保さんの口癖だった。人間は重要な情報ほど秘匿したがるものだ。農業の場合、圃場が監視されているわけでもなく、財務データが吟味されることが少ない（そもそも財務データが整理されていない場合もある）。イメージ先行で虚偽のストーリーが農業では発生しやすい（マスコミやいわゆる「識者」がそれに加担する）。

しかし、小久保さんの前では嘘は通用しない。圃場の観察から読み取った情報と、農業者の話を照合して、農業者の心根を探ったうえで、栽培指導する。正確にいうと、具体的にとるべき行動を示さず、ヒントのみを与える。農業者に根本的な問題を見い出した場合は、あえて栽培指導を見送る場合もある。

小久保さんはつねづね「農法なんてものはない」と言っていた。家畜や作物の状況に合わせて農業者が何をするべきかを考えるべきなのに、特定の農法に執着するのは本末転倒というのが小久保さんの考え方だ。「愛善酵素農法」とか「島本農法」とかは、小久保さんが自分たちのグループを表現するための便宜上、しぶしぶながら使うだけだった。

「技術だけあって精神がないのは最悪」、京都で名刹寺院の庭管理をしている責任者の言だ。農業においても同じことが言える。農作業はすべて家畜や作物が師匠という心構えから起動しなければならない。知識を深めたり技を磨いたりすることは有益だが、個々の知識や技にこだわってはならない。ほんとうの農業名人には定型がない。

他方、目下、官民をあげて、農業名人の技を解析してデータベース化するという取り組みに熱心だ。たとえば政府のＩＴ総合戦略本部は農業情報創成・流通促進戦略の中でも農業のＩＴ化として強調している。研究活動は多様であるべきなので、そういうアプローチを排除するべきとはいわない。しかし、そういうアプローチをあたかも切り札かのように考えている限り、ほんとうの農業名人は死滅に向かうだろう。

もう一人の名人は、北海道栗山町の「東洋の小麦王」とよばれた勝部徳太郎さん（一九〇五〜一九九六年）だ。勝部さんは、農業機械、肥料、農薬、品種、など、ありとあらゆる分野に通じていた。周囲の農家の二倍の収穫をあげるなど、そのパフォーマンスの高さは伝説だ。

勝部さんは農業の秘訣を尋ねられると決まって「僕は作物から愛されている」と答えていたという。滋賀県野洲市で有機栽培に取り組む中道唯幸さんは（第三章第六節で言及した水稲農家）、父親に勧められて勝部さんに農業を学びに行ったことがある。最初に勝部さんに会ったとき、「僕は作物から愛されている」という勝部さんの回答に、「この人は答えをはぐらかしている」と感じた。だが、いまとなって、そういう受け止めをしてしまった自分自身を恥じている。中道さんによると、「僕は作物から愛されている」というのが勝部さんの農業の真髄だ。作物が何をして欲しいか、何に困っているかを勝部さんは理解し、作物との信頼関係の中で農作業をしているのだ。勝部さんの豊富な知識と匠の技は、そのための小道具にすぎない。

「作物に愛情をかけて育てている」と話す農業者はあちこちにいる。しかし、それはもしかすると愛情のお仕着せではなかろうか。人間関係においても、他人に愛情をいだくことと、その相手から愛情を受けることは別物だ。愛してもらうことは愛することよりも難しい場合が多い。同じことは人間と家畜・作物の間の関係にも成り立つ。

二〇二三年から、中道さんは、「のうちえん」と題する会員活動で、農地（周囲の河川、あぜ道、林地を含む）を地域の子供たちの学びと遊びの場にするという事業に取り組んでいる。隔週の週末ごとに子供たちを集め、農作業、動植物観察、水遊び、泥んこ遊び、遊具づくり、などをする。小さなけがをしながら子供たちが自然を覚えていくことを中道さんは願う。

目下の学校教育ではけがの発生を嫌い、けががないことをもってよしとする傾向がある。中道さんの発想はその真逆で、「のうちえん」では大人がすべきことは大けがを防ぐことであって、けがが皆無では「のうちえん」ではない。

「のうちえん」は会費を徴収しているが、いまのところは収益を二の次にして、今後の可能性を模索中だ。将来的には、採算がとれるビジネスモデルに仕立てて、全国の農業者に拡散したいと中道さんは夢見ている。いまの子供たちが、あまりにも屋内（さらにはバーチャル空間）に籠りがちで、自然を体感する機会を失っている状況は人生をさみしくするのではないかと、中道さんは憂えていて、その対策を農業に期待しているのだ。

食料が工業生産される時代の農業のあり方のヒントが「のうちえん」にあるかもしれない。

2　学校化社会の偏向

学校教育は「絶対的善」とみなされがちだ。たとえばＳＤＧｓでも、目標４「質の高い教育をみんなに」とある。だが、たとえば、特定の宗教の原理を押しつけて「教育」と称している場合はどうなのか？　おそらく「そういう偏向したものは教育ではない」と考える人が多いだろうが、では、目下、日本で標準的に行われている教育には偏向はないのか？　偏向した教育が多数派になってしまって、偏向に気づかなくなっている可能性はないのか？

現在の日本人の多数は戦前・戦中の帝国主義的教育を批判する。しかし、当時の多数派が帝国主義的教育を支持していた。それは上からの押しつけという側面もあろうが、大衆がそれを求めていたという側面も無視できない。「戦前・戦中の日本人が愚かだっただけで、いまのわれわれはそんな間違いはしていない」ともしも考えるならば、それは「思い上がり」ではないか。

現時点で政界・官界・財界で上層部にいる人たちの多くは、今日の学校教育システムでよいパフォーマンスを達成してきた。今日の学校システムのおかげで上層部にいるわけで、今日の学校システムを根本から否定するインセンティブは彼らにはない。彼らが学校システムの改革をいうときでも、それは大枠を崩さない範囲に限られる。たとえば、大学は消えていってよいなぞという先述の議論はなかなか受け入れないだろう。

現在の学校は人間の生理に照らし合わせると異常なものだ。伝染病にかかりやすい若齢者を一カ所に集めてわざわざ流行しやすい環境だ。若齢者は活発に動きたがるし、またその方が生涯を通じた肉体の強化になるのに、一定時間、教師の指示の下で静寂と静止を維持しなければならない。日長や天候とは無関係に時計に合わせて行動することが求められる。

第五章で示したように、商工業の発達とともにマニュアル化された作業指示に基づきさえすれば「誰が働いても同じ」という「労働の商品化」が進んでいる。この異常な行動原理を刷り込むための装置として学校教育が発達したと見ることができる。教育社会学に造詣の深い辻本雅史は「近代社会で必要な知識教授と集団的規律訓練の場として、学校は制度化された。学校は子どもを社会生活からある程度引き離し、強制的に囲い込んだ空間である。学校の肥大化は、やがて社会が学校で修得したことによって成り立つ（学校が社会を規定する）転倒した様相さえ呈することもある。これを「学校化社会」といってもよい。」と描写している（辻本［2004］）。

本来、教育は、各人が幸福な人生を送るためのもののはずだ。稼得能力を高めることもそういう中で位置づけられることはあってもよいが、それが教育の主目的になってしまうのは本末転倒ではないか。

現実としては、学校教育は、資本主義の発展のために使われてきたという側面が強い。Spring

［2015］は、欧米にとって魅力的な市場経済を実現するという明確な意図を持って、国際機関が欧米型の学校教育を途上国に強要したことを、国際機関の公刊物から、ありありと描いている。たとえば、東西冷戦時に、西側的な教育を導入しようとする場合に世界銀行が援助を与えてきたとSpring［2015］は指摘する。世界銀行の一九九九年報告でも、Education becomes an asset in a market economy while knowledge becomes a driver of markets.（著者訳：「知識が市場の推進力であり、教育が市場経済における資産になっている」）とある。世界銀行に限らず、ＯＥＣＤなどの有力な国際機関がこぞって欧米的な学校教育の推進に熱心だ。学校教育が産業革命以降の資本主義的成長を促すための道具として使われてきたのだ。

明治以降の歴史をふりかえると、さまざまな差別が学校で生まれたり加速したりしてきたことがわかる。この背景には教員の持つ構造的矛盾があると思われる。教育の根幹は基本的人権の尊重であり、そこには「職業に貴賤なし」がふくまれる。ところが教員は総じて教職を立派な職業とみなしている。つまり職業差別をしているのだ。差別というのは、発生している時点では差別として認識されにくく、ある程度時間が経ってから認識される。学校で差別が生まれたり加速したりするという構造は、いまも（そして将来も）また、続いていくのだろう。

3　教育と科学を見直す

ＡＩとロボットの発達によって、衣食住が足りる時代にかりになっても、肉体的にも精神的にも発達途上にある若齢期に、人格形成のための仕組みを組織的に持つことは自然なことだ。その意味では、教育という概念がなくなることはないだろう。

産業革命以降の学校化社会は、化石資源に依存しつつ、労働の商品化と人口増加とそれを上回る経済成長をもたらしたという点では成功といえよう。だが、このまま学校化社会を続ければ、エネルギー危機か疑似桃源郷かというディストピアに至る。

見直しが求められている点では、科学研究も同じだ。産業革命以降、生産性上昇のために科学研究が進められてきた。しかし、ＡＩが人間の頭脳を超えるならば、人間が科学研究をする理由は少なくとも経済的観点からはなくなる。

これからの教育と科学はいかにあるべきか？　この難問を考えるうえで、参考になりそうな事例を以下に紹介する。

酒米と里芋の藤本圭一朗さん

私は大学教員を約四〇年続けているが、大学が若者の活力を減退させているのではないかと感じることが多々ある。大学に行かなかったからこそ、活気ある人生を送っている事例として、藤本圭一朗さんと藤本匡裕さんという兵庫県加古川市出身の兄弟を以下に紹介する。

藤本圭一朗さんは一九八五年生まれで、わんぱくいっぱいに育った。中学・高校と、しっかりとやんちゃな経験をしているが、根っからの釣り好きで、海や川や池でたっぷりと遊んでいた。ろくすっぽ勉強をしていなかったのだが、絵が巧く（外遊びで彼の美的感覚も鍛えられたのかもしれない）、有名私大にデッサンの力で合格した。しかし、入学して早々に世界一周の貧乏旅行に出た。空港の待合室で連泊して追い出されたり、南米で地元のお嬢さんと恋仲になったりと、なかなかの経験を積んできた。約一年経って帰国したが、農業を志し、大学を退学した。世界各地を回ってみて、以前は何気なくみていた日本の山も川も海も、とても力強く見えて、この自然環境を生かした仕事をしたいと考えたからだ。

かくして、かつてのやんちゃ仲間と加西市の山中の築一〇〇年のおんぼろな空き家に住み着いて、猫の額ほどの農地を借りて農業を始めた。いかせん、これまで農業の経験がないため、まともな栽培になっていなかった。

栽培技術でも、販路開拓でも、地域での人間関係でも、一人前の農家になるのは簡単なことではない。アルバイトに力を入れるほうが、当面の収入が得られて生活はしやすくなる。しかしそういう生活だといつになっても農業に身が入らず、結局農業を断念することになるというのがよくあるパターンだ。

圭一朗さんも、農業だけでは生活が成り立ちにくかった。加西市に来てからも、仲間に裏切られるなどのつらい経験もたくさんしてきた。心が弱い人間ならばとっくに挫折していただろう。だが、圭一朗さんは、持ち前の人なつっこさで、集落の人たちに助けられながら農業を続けた。おかずを分けてもらったり、農業用資材・農機具を貸してもらったり、栽培技術を教えてもらったりしているうちに、気がついてみると、酒米と里芋を中心に、地域のリーダー的な農業者へと育っていった。集落の娘さんと結婚し、いまは二人の子供のパパでもある。

圭一朗さんは就農して間もないときに、前節で紹介した小久保秀夫さんの厳しい指導を受けていた。小久保さんは生前、圭一朗さんの将来を楽しみにしておられた。

圭一朗さんは、作物の栽培ばかりでなく、元源という農産物加工販売の個人会社も立ち上げている。二〇二一年には里芋の冷凍品を作る工場を稼働させている。里芋は収穫時にどうしてもB品（傷がついたり、形が悪かったりして出荷できないもの）が出る。それを有効活用しつつ、これまで助けてもらった地域の人たちの働き場にして地域を活気づけたいという考えだ。二〇二三年からは枝豆用の黒大豆も導入し、生食用のほか、元源で冷凍枝豆にして出荷している。

里芋の生殖メカニズムを学んで独自の種芋管理をしたり、食品加工の学術論文を読んで里芋と大豆の冷凍の仕方を工夫したり、兵庫県の助成を受けて食品加工の研究者を招聘したり、各種の商談会に出かけたりと、勉強量と行動力に私は舌をまく。

里芋は連作障害があるので、酒米との輪作をしている。隣接する加東市に酒米試験地があることから、酒米の生産仲間と一緒にでかけて栽培技術の向上をめざしてたゆまず勉強している。二〇二三年に圭一朗さんが収穫した山田錦は、兵庫県の酒米コンテストで最上位（県知事賞）を受けている。地元の酒蔵と京都の旅行業者と組んで、日本酒の新たな可能性を探る取り組みもしている。圭一郎さんの圃場の酒米のみから造った日本酒がKura Masterという国際品評会で上位入選している。

圭一朗さんが農業を始めたところ、明治学院大学のO君という学生を、一週間、預けたことがある。O君は、まじめに勉強するし、小柄だが子供のころから剣道教室に通っていて体力もある。それなのに気が弱い。三年間の浪人生活の末にようやく明治学院大学に入ったが、おそらくその気の弱さで、入学試験で失敗が続いたのだろう。O君と一緒に高速バスに乗って圭一朗さんが住みついていたおんぼろ屋敷に行き、帰りの高速バス代だけ渡して、「一週間、農作業の手伝いをしてこい」と置き去りにした。O君は私のゼミ生でもなく、もしも加西市に滞在中に事故や病気があれば、私の行動が相当に問題になるというリスクはあったが、圭一朗さんと一緒に農作業をしていれば、きっとO君は勇気を得ると思った。一週間後、東京で再会したO君は、すっかり目力が強くなっていた。万事に自信をもって取り組むようになり、なかなか明治学院大学の学生では採用されないような職場で活躍中だ。O君を見るにつけ、大学の講義は薄っぺらで、生きる力の役にはたたないのではないかと思う。

O君が、一度だけ「大学院に進学して研究者になりたい」と私に言ってきたことがある。本人は何日も考えてのことなのだが、私は即座に反対した。「研究者なんて『他人の褌』でしか仕事できないくせして、自分がエライ人のようにふるまっているけしからん奴だ。君はそんな卑怯な生き方をする人間ではないだろ」と激しく叱った。かわいそうな気もしたが、それぐらい強く言わなくては、本人も踏ん切りがつかないだろう。

ジャマイカ帰りの料理職人

藤本圭一朗さんの五歳年下の弟が藤本匡裕さんだ。兄弟仲がよく、釣りをはじめ、山野でたっぷり遊んで育ったのも、圭一朗さんの影響だろう。

両親とも教員という環境に育つと、教育界のよい側面とともに悪い側面をも子供のころから見てしまい、学校教育に批判的になることも多々ある。匡裕さんも、反抗的でやんちゃなまま義務教育を過ごし、高校には行かないつもりで建築関係の親方に中学校卒業後に雇ってもらうという話がついていた。ところが、両親に懇願されて、やむなく一カ月間だけ、両親が願書を出していた高校に通って、さっさと退学した。それから三年間、日本各地で建築関係の仕事をした。稼ぎはよかったが、荒っぽい場面に立ちあうこともあり、一生涯こういう生き方はできないとさとった。同時に、女の子にもモテそうな仕事を、と思案して、料理の世界に入ることにした。バーテンダーのアルバイトをしながら、兵庫県西宮市の調理師学校に一年間通って、料理職人としてのベースを修得した。

その後も三年間、バーテンダーを続けた。同時にさまざまな人脈を形成し、料理やお酒を使ったイベントを企画・実行するノウハウを取得した。

バーテンダーをやめて本格的に料理職人としての道を歩み始めるのだが、その前に、料理の素材の野菜がどうやって作られるのか、実体験しておくべきだろうと考え、兄のところで一年間働いた。その間の最大の思い出は、収穫目前の野菜が鹿に食われて全滅したことだという。

満を持して、兵庫県神戸市のレストランで働き始めたが、その一方で、海外で働く機会を探した。世界放浪貧乏旅行の前後で兄の人間性が一段と大きくなったのを間近にみていたからだ。在ジャマイカ日本大使館が料理長を募集しているのをみつけて応募して、首尾よく採用され、二〇二〇年八月からジャマイカで働き始めた。

ジャマイカは治安が悪い。しかし匡裕さんは積極的に街に出て、ジャマイカ人と交流し、ジャマイカが大好きになった。もともとはフランス料理の職人だが、ジャマイカ料理も得意になった。二〇二三年一二月でジャマイカでの任期が終わって日本に帰るにあたり、鳥取県に目をつけた。ジャマイカ選手団が世界陸上大会の事前合宿のために二〇二五年に鳥取県に来るからだ。神戸市でもジャマイカでも、匡裕さんはアスリート向けの料理も扱っていて、その経験も生かしたい。

匡裕さんは、これからは雇われ職人ではなく、自分が事業主として仕事をするつもりだ。キッチンスタジオを開いて、料理の提供と料理職人の養成の両方を手掛けたい。そのための物件を鳥取県で探したがなかなかみつからない。そもそも、鳥取県には、それまで匡裕さんは何のツテもなかったのだから、簡単な話ではない。

そこで、まずは、ツテづくりから始めようと、地域おこし協力隊に応募した。最長三年間、公務員に準じる立場をもらって比較的自由に行動できるし、行政の動きも直に把握できるから好都合だ。かくして鳥取県大山町に住みつくことになった。

匡裕さんにとって、鳥取県は、移住以前に予想していた以上に魅力的な食材の宝庫だ。郷里の加古川市でも豊富な瀬戸内海の魚介が身近にあったが、鳥取県で水揚げされる魚介が多種多様でしかも大型で、料理のしがいがある。日本最大級のブナ林を抱える大山が清浄な天然水を育み、それが良質な野菜を作る。漁師、猟師、野生動物の解体職人、発酵食品の職人、というぐあいに料理関係で優れた人物に次々と出逢う。

匡裕さんは、料理に関連する職人技の修得に、こども食堂やイベントの運営にと、忙しく日々を過ごしている。キッチンスタジオ向けの物件も、目星をつけつつある。機をみて、地域おこし協力隊を辞して、次のステップに向かうつもりだ。

匡裕さんは、なかなかの男前だし、入念な朝シャンを欠かさないなどおしゃれ心もある。独身男性らしく、しっちゃかめっちゃかなアパートぐらしだが、厨房の周りだけはいつもピカピカに片付けられていて、不断に調理器具を手入れする。隣町の農家さんと意気投合して明け方近くまで大酒を飲むなど時間の使い方も破天荒だが、調理の準備と後片付けの時間を最優先に行動していてその時間帯はぜったいに動かさない。いまどき珍しいほどの職人気質が匡裕さんを包んでいる。

匡裕さんは、食生活がよくなってこそ、しあわせな毎日があることを自分自身の経験から知っている。匡裕さんにはすさんだ生活をしていた時期があるが、そのときの食事はずいぶん乱れていた。ジャマイカにいたとき、貧しくても食事を大切にしている人たちは、おだやかな生活をしていることをまざまざと見た。

圭一朗さんの農業・農産物加工も分析的で向上心・好奇心が旺盛だが、匡裕さんの調理も、それに負けず劣らず分析的で向上心・好奇心が旺盛だ。匡裕さんは、学校社会が嫌だっただけで、学業であれスポーツであれ芸術であれ、それまでできなかったことができるようになることはおもしろくて、熱中した。義務教育時代の学校の成績も、実は上位の部類だった。匡裕さんは発想が弾力的で、時間、場所、予算、食材、調理施設、に応じてジャンルに固執することなく料理をする。バーテンダーや建築関係の仕事をしていたときの経験から、人脈づくりや各種のイベント企画も上手だ。こういう人材こそが、地域に活力を吹き込む。

藤本兄弟の行動力、礼儀正しさ、人懐っこさ、栽培や料理の「勘のよさ」を見ると、子供時分に山野で元気いっぱいに遊んだという彼らの経験が生きていると感じる。それに比べて、教室で教科書に縛られた勉強なんてつまらない。必要なときに必要なことを勉強できる態勢を身につければよいのであって、はっきりしない目的で勉強しても意味がない。

藤本兄弟に会うたび、漫然と大学に行くことのむなしさを感じる。藤本兄弟は、ごく一例でしかない。私は各地で知力と行動力のある人たちに会うが、そういう人たちは、ほとんどの場合、野外でわんぱくに遊んで育っている。自然ほど偉大な教師はいない。「生ける屍」を回避するためには、まずは自然に対する畏怖と畏敬の念を持つことではないか。それは地下資源の濫獲で利便性の高い生活をするという現在のスタイルを反省することにもつながる。

脱石油と自然科学

本書では、人智の限界を強調してきたが、決して科学が役に立たないと決めつけるべきではない。自然科学を自然環境保護のために使おうという試みとして、千葉県で石油をなるべく使わない農業を模索している陶武利《すえたけとし》さんの事例を下記に紹介する。

陶さんは一九七二年、大阪府河内長野市に生まれた。子供のころから動植物好きで、級友からは「いきもの博士」と呼ばれた。いろいろな動植物を自分で育てたが、とくに熱帯魚のグッピーがおもしろかった。自分で交配をして品種改良ができること、水槽というひとまとまりの生態系で管理できることが魅力だった。

陶さんの実家は非農家だが、陶さんは農業への関心を高め、除草剤を減らすための道筋をみつけたいとして、陶さんは、高校卒業後、筑波大学（学部と大学院）で、ソバ属植物のアレロパシー活性（植物が自ら分泌する化学物質を利用してほかの植物や虫への抑制・忌避・殺虫・殺菌などの作用をもたらす効果）の研究をした。研究者をめざして実験に熱中したが、やがて「研究疲れ」を感じて修士号取得を契機に学術から離れることにした。

最初の一年半は水槽関連の会社に勤めて商品開発にたずさわったが、自ら動植物を育てて販売する仕事がしたいと考えて辞職し、ピクタという会社を設立した。二七歳で結婚し、経済的にはきつかったが、公共事業関連の生態調査のアルバイトをするなどしてたくましく乗り切った。やがて、熱帯魚の輸入代行業に力を入れようと国際空港に近い千葉県香取市に空き家を購入した。トイレが壊れていたので、ヤフー・オークションで浄化槽を購入して自ら施工するなど、「ケチケチ路線」を徹底した。その後のインターネットの発達につれて誰でも輸入がしやすくなり、陶さんの輸入代行業のうまみは徐々に減っていったが、得意にしているグッピーの繁殖を拡大し、熱帯魚店を相手にグッピーの売り上げを伸ばしていった。同時に自家消費用に水稲作も始めた。生態系を守りたいとして農薬を使わない水稲作だが、雑草の繁茂に手を焼いていた。

東日本大震災で水槽が壊れ、飼育中のグッピーを失うなど、被害を受けた。再始動にあたっては、シダを中心に観賞用植物に力を入れるようになった。シダの胞子から培養していくのだが、大企業や大学などのように無菌培養する設備がない。あえて共生菌を導入する有菌培養という手法をとっているが、これは陶さんの知識と経験があってこその「匠の技」だ。

二〇一二年に千葉県君津市の芋窪地区という房総半島の山中で、大型温室と隣接した住居と農地を割安で購入する幸運に恵まれ、陶さんのビジネスが勢いづいた。元のオーナーがちょうど農業からの撤退を考え始めていたというタイミングで、陶さんの熱意と行動力にほだされた形で、陶さんの「言い値」での売却を快諾してくれたのだ。

君津市に移住してからは水稲作への本気度も上がった。香取市での水稲作の経験もあり、除草をどうするかが最大の課題と定め、二つの方向で対策を講じた。

第一はガチョウの活用だ。ガチョウは雁を家畜化したもので、最近の研究成果によると、世界的にみると鶏よりも家禽としての歴史が長い。陶さんが注目したのは、ガチョウの食性だ。イネ科の草を好み、長いくちばしを地中に押し込んで、根っこまで食べてしまうという旺盛な食欲を発揮する。体が大きいので猛禽類に襲われることはあまりない。ほとんど飛ぶことができず、臆病で群れをなす習性があり、人間が集団管理をしやすい。除草したい場所に放てば、すさまじい勢いで食い漁ってくれる。寿命が二〇年から三〇年と長い。さばいて肉も脂もおいしい。

たとえば、長年、耕作放棄されて雑草だらけになってしまった水田を復田しようとする場合を考えてみよう。除草剤をまいてトラクターで耕うんしてというのが一般的な方法だ。これに対し、陶さんはガチョウの放鳥と湛水による土壌改良という脱石油路線でやってのける。

一般にガチョウは孵化・繁殖が難しい。近親交配に弱いし卵の温度管理に技量を要する。しかし、陶武利さんは牧場から譲り受けた五羽のガチョウをもとにして、自分で交配と孵化を工夫して、一五〇羽まで増やした。グッピーのふ化・繁殖で長年培った知識と経験がガチョウにも援用できるのだと陶さんはいう。

これに加えて、浮草を水田一面に繁茂させて雑草を防ぐという方法にも陶さんが活路を見出した。浮草自体が光を遮断するので水面下に雑草が生えにくくなるし、やがて晩夏に浮草自体が活動を停止して水中に溶けこんでいくことから肥料効果も期待できる。浮草の選択や水田の水位制御などに熟達すれば、直播との相性がよく省力化にもなる。二〇一七年に、たまたま、大学院時代の指導教官に出会い、試行中の浮草による雑草防除を話したことがきっかけになって、陶さんは東京農工大学大学院に社会人入学した。陶さんは浮草の活用術を学術論文にまとめ（『有機農業研究』第一五巻第二号所収）、二〇二四年に博士号を受けた。

さらなる発展領域として、目下、陶さんは有機栽培に適した水稲の品種を自ら開発しようと意気込んでいる。水稲の民間品種改良で実績のある清水農産（岐阜県中津川市）との交流を始めた。陶さんはグッピー、シダ、ガチョウで交配を長年手掛けてきているだけに、水稲の品種改良でも成果が期待できる。

「水槽の世界はやり直しがきくけれども、地球はひとつしかない。このまま人類が生態系破壊を続けてよいのか」、小学生のとき、グッピーを育てながら抱いた疑問が、いまも陶さんの心に脈打っている。

山のハム工房の発起人

現代社会は資本主義・市場経済・個人主義で特徴づけられる。利便性・効率性がたえまず向上し、高度な消費生活を可能としている。その反面、自然環境を破壊し、他者への無関心・不寛容という弊害をもたらしている。現代社会の限界がきているのではないかという問題意識をしばしば聞く。だが、資本主義・市場経済・個人主義に抗しながら、現代社会を生きることは可能なのだろうか？　この究極的な疑問に対するひとつの解答として、以下に、岐阜県恵那市の山のハム工房ゴーバル（以下「ゴーバル」と略称する）に集う人たちの日々を紹介する。

ゴーバルの発起人は桝本進さん（一九五二年生まれ）をはじめとする四人の基督教独立学園高等学校（以下「独立学園」と略称する）卒業生だ。独立学園は、内村鑑三の無教会主義（職業牧師や教会建築といった形式的制度を否定し、代わりに師弟関係を中心とした独立的な聖書研究を推奨する考え方）を体現するべく、山形県小国町という山間の僻地に一九四八年に設立された。桝本さんの両親は独立学園の教員で、一家は同校の学生寮に管理人として暮らしていた。桝本さんは地元の小中学校を経て独立学園で学ぶが、独立学園入学以前も両親を通じて、自然から学ぶことや自分で考えることなど、独立学園の教育方針を受けていた。家畜の解体や森の下草刈など山野で役立つすべを習い、独立学園を卒業後、酪農学園大学短期大学部（北海道江別市）に進学し、卒業後は独立学園の職員として働いた。そのころ、ネパールで結核治療や孤児保護に携わる岩村昇さんの活動に惹かれ、時間とお金ができるたびに、ネパールにでかけた。ネパールの農村の自給自足的で素朴な生活ぶりに魅せられ、日本国内でネパールの農村のような生活を実践したいという気持ちが強くなった。

その同志者として独立学園でともに学んだ石原潔さん（一九五一年生まれ）・真木子さん（一九五三年生まれ）夫妻と武義和さん（一九五四年生まれ）の協力を得た。石原真木子さんの両親が岐阜県串原村（二〇〇四年に隣接する四町とともに恵那市に合併されたが、本書では合併後も含めて旧串原村を串原村と表現する）で民宿を経営しており、そこがネパールをほうふつさせるような山間地ということもあって、そこを拠点に四人の共同生活が一九八〇年に始まった。一九八三年に武さんが転出するが、代わって桝本さんの伴侶として独立学園の後輩の尚子さん（一九六〇年生まれ）が加わった。小規模な農業に加え、山仕事の手伝いやキャンプの開催などをした。

石原潔さんは大阪府立大学の大学院で修士号を取得していて、ゴーバルに加わるまで、岐阜県で産業獣医師として働いていた。産業獣医師は収入も安定しているし社会的地位も高い。そういう職業を捨てるとなれば、妻から反対されそうなところだが、実は石原真木子さんのほうがゴーバルへの参加に積極的だった。これも独立学園ですごした日々があってこそだろう。

串原村の山と人

串原村は、外からの移住者に対して優しいという日本では稀有な事例だ。第一章第三節でもともと日本には移動性が高い人々がかなりの割合でいたことを指摘した。串原村はそういう人々の拠点だったと私は見ている。山深い地にあって、大きな真言宗のお寺があり、三宅という姓が多い。中山太鼓という伝統芸能があるが、その激しさは農耕民族とは思えない。

串原村はあまりにも辺鄙なため、高校に通うためには、寄宿舎生活をせざるをえなかった（最近は、若干、道路事情がよくなったおかげで、串原村に居ながら高校通学も可能になった）。このため、串原村在住のものでも、「ヤドカリ」の経験があり、このことも外部からの移住者に親しみを持たせているのだろう。かつて近くでダム工事があり、その際に大勢の作業員が来て、彼らが串原村でお金を使ってくれたという経験値もある。

また、串原村は教育熱心で、なおかつ、個人の利益ではなく仲間全体の利益を大切にするという文化がある。読者諸氏には意外に響くかもしれないが、砂岩質の土壌で崩れやすいという串原村の土壌条件が影響している。しょっちゅう土砂災害があるため、農地としての魅力は弱い。皮肉なことだが、人間は土地に執着しだすと、境界争いなどのいざこざのもとになる。土地に投資しても仕方ないとなれば、そのぶん、教育にお金を使うことになり、合理的な思考を促す。

さらに、串原村は換金性が高い作物を栽培するのには向いているとはいいがたいが、乾燥した風が吹くなど、養蚕にはびっくりするほど適している（養蚕は年に二回の収蚕が普通だが、串原村では年に五回収蚕した）。養蚕は桑を使うが、桑は荒地でも生えるし、かりに土砂にうまることがあっても、金銭的損害は限られる。養蚕は人工ふ化などで科学的知識が必要で、また共同出荷のため、より良質で高価な繭を生産しようと、近隣で結束して勉強会をすることが多い。これがますます勉強熱心と共同精神を生む。また、串原村は砂岩質で杉の植林には向かないが、檜栽培にはまずまず好適だ（檜といえば木曽が有名だが、串原村は木曽に近い）。檜も共同作業が多い。

串原村では小学校入学と同時に、毎月一〇〇〇円の郵便積み立てをして、さらに串原村からの補助も受けて、中学校卒業前に、全員で海外旅行をしたが、こういう教育熱心さと結束力は串原村ならではだ（この海外旅行は二〇〇三年の平成大合併で恵那市に統合されるまで続いた）。

日本各地で、六〇年前の拡大造林（国庫負担で杉の植林を助成する事業）のあと、間伐を怠り、山が荒れ放題になっている。しかし、串原村は、例外的に、計画的に間伐がおこなわれている。そこには二〇〇六年に設立された奥矢作森林塾というNPOが肝となっている。串原村には三二〇〇ヘクタールの山林があり、四五〇ヘクタールが公有林で残りの二七五〇ヘクタールが民有林でそのうち人工林が一七〇〇ヘクタールだ。奥矢作森林塾が一〇年で一回転を目標に、計画的に人工林の間伐をしている。地権者は約三五〇名におよび、そのうち三割が不在地主（ほとんどが旧串原村民の相続人）だ。彼らがこぞって奥矢作森林塾に山林管理を委ねているが、これも全国的にみても稀な事例だ。

ちなみに、奥矢作森林塾は都会からの移住者を呼び込む活動にも熱心で、いまや、串原村の人口の四分の一が移住者だ。山菜採り、キノコ採り、地蜂追い、のときには、串原村の住民ならば誰がどこに立ち入ってもかまわないという習慣もある。おかげでつねに山に人の気配があり、結果的に山菜泥棒やキノコ泥棒が串原村以外からやってくるのを防いでいる。

奥矢作森林塾の創設者で初代代表の大島光利さん（一九四五〜二〇二三年）も、二〇一五年から二代目代表をつとめる小林太朗さん（一九六四年生まれ）も、串原村への愛着が強く行動力もあって魅力的な人材だ。そういう人材を生む土壌が串原村にある。

山のハム工房が醸すもの

ゴーバルが自給自足の素朴な生活をめざすといっても、当面の生活をなすためには現金が必要だ。産業獣医師という石原潔さんの前歴もふまえて、保存料や着色料に頼らない安全なハム・ソーセージを作って販売することにした。当時は、農薬や食品添加物の有害性への消費者の警戒心が強まっていた。串原村内で遊休状態になっていた土建会社の作業所をハム・ソーセージ工房に改造した。設備としては手狭で粗末だったし、四人ともそれまで食肉業とは無縁で、まったくの手探りだったが、独立学園の卒業生や自然食品愛好者の共感を呼んで、三〇〇〇万円程度の売り上げを得た。

得体のしれない若者たちを受け容れただけでも串原村は驚異的に寛容だが、ハム・ソーセージ工房なぞという、廃液問題がつねにともなう事業に反対しなかったのも驚異的だ。さらには、串原村がもちかける形で、農林水産省の地域農業拠点整備事業を取り入れ、一九八八年に工房を新設した。同時に、串原養豚組合に遺伝子組み換えの穀物を使わないなど餌に気遣って豚を飼育してもらい、年間約六〇〇頭分の枝肉をハム・ソーセージの原料として仕入れるという体制を築いた。キリスト教愛真高等学校（独立学園と同様に無教会主義の精神に基づいて設立された学校、以下「愛真高校」と略称する）の卒業生など、若いメンバーが加わり、手掛ける製品の種類も増え、品質も向上していった。愛真高校卒の田中亮太さん（一九七四年生まれ）が一九九五年から工房長に就くなど、つねに新しい力が伸長する。桝本夫妻の長男の大地さん（一九八六年生まれ）は小中学校が不登校で高校には行かず、海外を放浪した時期もあったが、二〇一〇年にゴーバルに加わった。二〇一二年に結婚した妻のさやかさん（一九八五年生まれ、愛真高校卒）とともにゴーバルでハム・ソーセージ製造と子育てに励む。石原夫妻の長男の弦さん（一九八〇年生まれ）は、後継者不足で廃業寸前だった串原養豚組合を引き継いで二〇〇五年に養豚業に就き、ゴーバルへの出荷を続けている。二〇一九年には豚舎内で豚熱罹患があり、三年間閉鎖したが、アニマル・ウェルフェアに考慮して豚舎の構造を見直しつつ、飼育を再開している。弦さんの妻の乃亜さん（一九八〇年生まれ、独立学園卒）と協働し、六〇頭の母豚で年間約九〇〇頭を出荷する。ゴーバルの仕事がない週末には、ゴーバルからの手伝いも入れている。

ゴーバルの製品には消費者のみならず、レストランからの受注も好調で、二〇二二年度には年間の販売額が一億九〇〇〇万円まで増えている。このように、ゴーバルは新たな世代へと担い手が移りながら、成長している。メンバーは小刻みに変動しつつもおおむね正社員一〇名、パート一五名で、独立学園、愛真高校の出身者が多いが、無教会主義とは無関係な新規移住者など顔ぶれは多様だ。作業の機械化を抑制し、丁寧な手仕事をじっくりと積み重ねるというのがゴーバルの製造方針だ。作業担当者が多様で、手作りならではの味わいが製品にあらわれる。

ゴーバルの朝は約一時間のミーティングから始まる。一日の作業を決めるための会議だが、日常生活で困っていることとか、ゴーバルでの作業とは直結しない話も多い。昼休みも小休憩も全員参加で会議室兼食堂に集まる。昼食当番が日替わりで調理の腕をふるう。夕方になると地元の子供たちがゴーバルの敷地に現れ、ともに時間をすごす。

桝本進さん・尚子さん夫妻の家には、つねに数人の客人があり、客人たちは昼間はゴーバルの仕事を手伝い、夜は薪ストーブを囲んで夫妻やゴーバルの仲間と談笑する（私もその一人で、桝本進さんがお気に入りの焼酎を持参して泊まりに行く）。石原真木子さんは二〇一四年に逝去したが、石原潔さんは、ほぼ毎週、自宅を開放して日曜集会や上映会を催している。ハム・ソーセージの製造にとどまらず、ゴーバルには生き方の提案がある。

農業と教育の融合

私が考えるこれからの教育は、自然を教師に見立て、「自然を観察し、自然から学ぶ」というスタイルだ。ここに、本章第一節で述べた農業の再定義と教育の再定義が共鳴する。泥んこ遊び、川遊び、昆虫採集、など、自然の中での遊びの環境づくりを最優先するのだ。

読み書きそろばんは必要だろうが、それは最低限のレベルでよい。その意味では、先述の「のうちえん」や独立学園や愛真高校の教育スタイルを参考に、さらに進化させたものが想定される。

もともと日本の山はいろいろな種類の草木が生え、人々が腐葉土や竹木を採取するなど山中に頻繁に入っていたため、じゅうぶんに空間があり、子供の遊びにも使えた。しかし、六〇年前の材木ブームの時に、将来は建材として売ろうとして一律に針葉樹（主として杉）を植林し、しかしその後の賃金の上昇から間伐などの山の手入れを怠った結果、いまの山は、異様に細い杉の成木が密生しており、薄暗くて遊びに入るようなところではない。川にしても、過剰なまでにコンクリートで固めてしまった。周辺から農薬などの有害物質が流れ込んでいる危険性を考えれば、ますます遊びには適さない。

子供が山や川で遊んだのは決して遠い昔ではない。いまの五〇歳台後半かそれ以上の高齢層には、そういう経験をした人も多いはずだ。先に、林産物の積極的な利用を提唱したが、雑木の伐採などを活発におこなえば、森林内の空間が広がるようになり、植生が豊かになって、山が遊びに使えるようになる。さらには、散策道を作ったり、鳥の巣箱をかけたりするなど、遊びの場を準備するなどして、子供が自然と山の中に入りたくなるような環境を作っていくべきだ。

川にしても然りで、稚魚や稚貝を放流したり、コンクリートに頼らない河川管理に切り替えたりして物理的に遊びやすくするとともに、農薬の抑制など、水質の安全性を高める必要がある。

山や川の遊びは子供の行動力を育むと同時に、世代間のコミュニケーションの機会を与える。動植物とどう接するべきかは、経験者から学ぶことが多いからだ。これは、現代社会では貴重な機会だ。なにせ、家族が三世代で同居するというサザエさんの磯野家のようなケースはいまやごく少数派だ。そのうえ遊びでもスマホなど内にこもったものになると、ますます世代間のギャップが広がる。高齢者との接触が少ないまま大人になれば、高齢者の孤独死や介護施設での暴力などの社会問題を助長しかねない。やや大げさに響くかもしれないが、山や川を遊び場に変えることこそが、真の人材革命だと私は考える。

引用文献

Carson, R. [1962] *Silent Spring,* Houghton Mifflin Conpany; 青樹簗一訳『沈黙の春』、新潮社、一九七四年.

藤井弘章 [2019]『魚と肉』、吉川弘文館.

神門善久 [2003]「教育と経済的キャッチアップ」大塚啓次郎・黒崎卓編『教育と経済発展』、東洋経済新報社.

神門善久 [2006]『日本の食と農』、NTT出版.

神門善久 [2012]『日本農業への正しい絶望法』、新潮社.

神門善久 [2017a]「教育投資」深尾京司・中村尚史・中林真幸編『日本経済の歴史』、第三巻（近代1）、岩波書店.

神門善久 [2017b]「中等実業教育を通じた人的資本形成」深尾京司・中村尚史・中林真幸編『日本経済の歴史』、第四巻（近代2）、岩波書店.

神門善久 [2022]『日本農業改造論』、ミネルヴァ書房.

原田信男 [2014]『和食とは何か』、角川文庫.

Hayami, Y. and Y. Godo [2005] *Development Economics* (3rd edition), Oxford University Press.

Hayami, Y. and V. W. Ruttan [1985] *Agricultural Development: An International Perspective,* Johns Hopkins University Press.

星岳雄、アニル・K・カシャップ［2013］『何が日本の経済成長を止めたのか――再生への処方箋』、日経BPマーケティング.
猪木武徳［2012］『経済学に何ができるか』、中央公論新社.
加治佐敬［2020］『経済発展における共同体・国家・市場』、日本評論社.
古賀康正［2021］『むらの小さな精米所が救うアジア・アフリカの米づくり』、農山漁村文化協会.
河野友美［1990］『食味往来』、中央公論新社.
Maddison, A.［2007］*Contours of the World Economy, 1-2030 AD: Essays in Macro-economic History*, Oxford University Press; 政治経済研究所訳、『世界経済史概観――紀元1年～2030年』、岩波書店、二〇一五年.
Malthus, T.R.［1798］*An Essay on the Principle of Population* (1st edition), London; 永井義雄訳『人口論』、中央公論、一九七三年.
Malthus, T.R.［1798］*An Essay on the Principle of Population* (6th edition), London; 南亮三郎監修、大渕寛・森岡仁・吉田忠雄・水野朝夫訳『人口の原理』、中央大学出版部、一九八五年.
Marshall, A.［1890］*Principles of Economics*, London; 馬場敬之助訳『経済学原理』、全四冊、東洋経済新報社、一九六五～一九六七年.
Mokyr, J.［1990］*The Lever of Richs*, Oxford University Press.
野田隆史［2021］『WRITINGS　1997-2000』、非売品.
Popkin, B.［2009］*The World is Fat : the Fads, Trends, Policies, and Products that are Fattening the Human Race*, Avery; 古賀林幸訳『あなたは、なぜ太ってしまうのか?――肥満が世界を滅ぼす!』、朝日新聞出版、二〇〇九年.

Ricardo, D.［1817］*On the Principles of Political Economy and Taxation*, London; 羽鳥卓也・吉沢芳樹訳『経済学および課税の原理』、岩波書店、一九八七年.
斎藤修［2008］『比較経済発展論』、岩波書店.
斎藤修［2024］「エネルギー・人口・環境経済―歴史的アプローチ」、一橋大学人新世シンポジウム（二〇二四年二月一〇日）報告資料.
佐々木健吾［2020-21］「ＳＤＧｓリーディングス、（１）～（６）」『究』、ミネルヴァ書房、１１６～１２１号。
Smith, A.［1776］*An Inquiry into the Nature and Cause of the Wealth of Nations*, London; 水田洋監訳『国富論』、全四巻、岩波書店、二〇〇〇～二〇〇一年.
Spring, J. H.［2015］*Economization of Education: Human Capital, Global Corporations, Skills-based Schooling*, Routledge.
辻本雅史［2004］「歴史から教育を考える」辻本雅史編『教育の社会文化史』、放送大学教育振興会.
渡辺一史［2013］『こんな夜更けにバナナかよ』、文藝春秋.
渡辺一史［2018］『なぜ人と人は支え合うのか』、筑摩書房.
White, L.［1978］*Medieval Religion and Technology*, Berkley, CA: University of California Press.
Wrigley, E.A.［1988］*Continuity, Chance and Change: The Character of Industrialization*, Cambridge; 近藤正臣訳『エネルギーと産業革命――連続性・偶然・変化』、同文舘出版、一九九一年.
Young, A. A.［1928］'Increasing returns and economic progress,' *Economic Journal*, vol. 38, No. 4.

あとがき

世界の食料事情を観察するにあたり、世界最大の穀物市場のシカゴでの取引価格を長期的に追うというのは、ごく自然な発想だろう。データの入手もとくに難しくない。本書の図1（二ページ）がまさにそれだ。この図からは食料危機が迫っているようには到底見えず、むしろ食料生産の過剰基調がわかる。

私は、駆け出しの研究者のときから、この図を折りに触れて使ってきた。最初が、速水佑次郎先生（一九三二～二〇一二年）と共著した『農業経済論（新版）』（岩波書店、二〇〇二年）で、その後は最新のデータを追加して説明を加えてきた。たとえば二〇〇〇年代になって、穀物がバイオ・エタノール原料として使われるようになって、ようやく価格低下が止まった（また価格振動が小幅になった）ように見えるが、バイオ・エタノールは補助金頼みで、潜在的な過剰基調はまったく弱まっていない、といったことだ。私にとって図1は約四半世紀の長きにわたって付き合ってきた「なじみ」のグラフだ。

単純な調理にこそ、料理職人のほんとうの技量が表れるという。ご飯を炊くだけとか、海苔をあぶるだけとか、大根の皮をむくだけ、といったものだ。普通のことを普通にやって、しかも隔絶の領域を拡げなくてはならない。図1は単純なだけに、これをしっかり解説できるかどうかにこそ、研究者の力量が現れる。本書は全二四二ページにわたるが、すべては図1に関する探索とも言える。

先進国を中心にした穀物増産はすさまじいものがある。それを可能にしたのはどういう技術革新だったのかをまず、あきらかにしなければならない。商工業の場合と共通する部分と異なる部分を見極めなくてはならない。本書では、穀物増産といっても、それは化石資源依存を強めただけの、いわば「ハリボテ」にすぎないことを強調した。つまり、「食料危機回避」を掲げて現状以上の穀物増産を図れば、化石資源の枯渇を早めてエネルギー危機を早めたり、農法や品種の多様性を失わせて気象変動に対して脆弱になったりと、かえって深刻な事態に陥ることを指摘した。

穀物増産の背後にある政治力学にも注目しなくてはならない。とくに、先進国（政治家や農業者のみならず消費者も含めて）の横暴・傲慢・無責任（もっとも当事者はおうおうにして無自覚のうちに）が、途上国の伝統農法・伝統品種を破壊しながら、それを上回るほどの猛烈な先進国における穀物増産（化石資源依存型ではあるが）を招いたのではないか、そういう先進国にとって不都合・不愉快な真実から目を背けさせるために学問がゆがんだ形で使われてきたのではないかと、本書では繰り返し論じた。

興味深いことに、図1を使った著作は、あまり見当たらない。もしかしたら、私と速水先生以外では、皆無かもしれない。読み手や聞き手の「ウケ」を忖度して、不都合な真実に蓋をするという一種の情報操作を、本書では「識者のトリック」と表現した。

ややや専門的な話で恐縮だが、本書の内容は経済学の中でもとくに開発経済学と呼ばれる分野にくくられる。開発経済学の教科書として、私が速水先生と *Development Economics* (3rd edition) を Oxford University Press から上梓したのが二〇〇五年だ。同書は好評を得て、中国語やベトナム語などに翻訳された。

同書の特徴は、人口爆発という第二次世界大戦後しばらく続いた世界経済最大の重圧を、現代社会はどう乗り越えてきたかをシステマティックに論じた点だ。だが、同書の原稿を書いている最中に、すでに私は同書の後の執筆構想を内心で育んでいた。二一世紀に入り、人口増加率はすっかり減速し、それなのにスパイラル的に消費は鬼のような勢いで増加し続けており、いわば「消費爆発」というべき状態だ。このままでは消費爆発で現代社会は破局になるのではないか？　それなのに、人口爆発とは対照的に人々が消費爆発には危機感をいだかないのはなぜか？　そういう疑問に回答するべく、「消費中毒」という概念を提唱して新しい開発経済学を書きたいと、速水先生にもお話しもした。それでいて、それはひどくキテレツな発想で、まともな研究者の仕事ではないなと私は長らく逡巡していた。要するに私に書く勇気と根性がなかったのだ。

だが、いまや私は六二歳で、身にも心にも頭にも、さよならのときが迫っている。準備万端からはほど遠いが、これ以上の先送りは、生涯の不作為となる。それは門下生でもない私を辛抱強く鍛錬してくだった速水先生への裏切りだ。それ以上に、研究者としてあまりにも卑怯・腑抜けだ。なぜ現代人は、地球が何億年をかけて作り出した化石資源を平然と大量消費するのか？　なぜ現代人はＡＩを開発したのか？　こういった根本的な疑問への答えを探すとき、消費中毒という概念の有用性を本書で説いた。

消費中毒という概念は奇抜だが、正統派経済学のこれまでの蓄積と決して対立するものではない。本書では、斎藤修先生、猪木武徳先生といった世界的な重鎮の経済学者の論考を要所々々で論理展開の補強として組み込んだ。速水先生もこのお二人との意見交換を日ごろから大切にしておられ、そこではなまめかしく知見が衝突・融合し、私は同席するたびに高天原にいるかのような高揚感に触れた（ちなみに、三先生はいずれも文化功労者を受けておられる）。

学問の世界も「分業化」と「マニュアル化」が進み、開発経済学の内容は高度に数学的になっている。その反面、速水先生、斎藤先生、猪木先生のように、社会全体を俯瞰する議論が展開されることはめっきり見当たらなくなった。

本書の原稿書きの最終局面で、斎藤先生にお願いして、本書の内容を二時間にわたって聞いていただいた。消費中毒をはじめとして突飛すぎるアイディアばかりで、一笑に付されないかと内心でびくつきながら臨んだのだが、むしろ斎藤先生はおもしろがられて、私のアイディアを強化する可能性を具体的な史料・論文を示しつつ指摘してくださった（もちろん、私の論考の弱点も鋭く見抜かれた）。私はもともと不用意な思考（行動も）に駆られやすく、そのつど、速水先生にいさめられながらもいろいろとヒントをいただいたかつての日々を思い出すとともに、これからはこういう破天荒な論考をする機会はなくなっていくのだと悟って、名残り惜しくなった。たぶん、私は一代限りのキワモノ師なのだと、自分の幸運に感謝する。ほんとうは経済学の正統派として功績をあげたかったのだけれど。

序文から第七章までを書き上げた直後に、北海道へ行く機会があり、札幌に立ち寄ってノンフィクション・ライターの渡辺一史さんに会った。第四章で触れたように、渡辺さんは『こんな夜更けにバナナかよ――筋ジス・鹿野靖明とボランティアたち』など、障がいを持つ人たちをテーマにした著作が多く、そこでは人間はなんのために生きるのかが問いかけられている。人間の活動を消費と生産に二分し、人間の時間を余暇と労働に二分し、消費と余暇のみから効用（人間のよろこび）がうまれる（労働は消費の元手になる所得を稼ぐためにのみおこなう苦渋と位置づける）というのがアダム・スミス以来（あるいは産業革命以来）の近代経済学の設定であることを私が渡辺さんに説明した。渡辺さんは、怪訝そうに私の説明を聞き、他者から認められたいという「承認欲求」が人間は強いはずだと切り返した。

消費中毒以前の人間は自然とのコミュニケーションや世代を超えたコミュニケーション能力があり、自然や世代を超えた一体感の中に合って、あえて他者から認められたいという願望が走ることはなかったのではないかと私は考える。芸術が自己表現といわれるようになったのは、いつのことからなのだろう。伝統社会にも音楽やダンスや絵画といった芸術があるが、それは自己表現というよりも、自然や世代を超えた一体感が表現されたもので、自己を他者にアピールするためという動機はないのではないか。同じことは研究などの学術でもいえそうだ。つまり、「承認欲求」も消費中毒のひとつの症状ではないか。

消費中毒がさらに進行して、個々人が自分自身とのコミュニケーション能力さえも失いＡＩが人間の知能を超えるという近未来においては、ＡＩ（ないしアバター）に認められることで個々人が満足するという状態になるかもしれない。幸か不幸か、私はすでに高齢で、そういう社会に立ち会うことはないだろうが。

消費中毒が世界中に伝染・拡散していくという枠組で本書は論じたが、もしかすると、人類のＤＮＡとして消費中毒の発症・進行が運命づけられているのかもしれない。そうだとすれば、人類がいだく原罪ということになる。

私の死後、この本が黙示録となるのか。

二〇二四年四月

神門善久

た 行

な 行

は 行

ま 行

や 行

ら 行

欧 文

事項索引

あ　行

か　行

さ　行

人名・組織名索引

あ 行

か 行

さ 行

た・な行

は 行

ま 行

や・ら・わ行

《著者紹介》

神門善久（ごうど・よしひさ）

1962年　生まれ。

1994年　京都大学博士（農学）。

現　在　明治学院大学経済学部経済学科教授。

主　著　『日本の食と農』NTT 出版，2006年。

『日本農業への正しい絶望法』新潮新書，2012年。

『日本農業改造論』ミネルヴァ書房，2022年。

Development Economics（*3rd edition*）（共著者：速水佑次郎），Oxford University Press, 2005.

食料危機の経済学
――虚構性と高度消費社会――

2024年９月10日　初版第１刷発行　〈検印省略〉

定価はカバーに
表示しています

著　者　神　門　善　久
発行者　杉　田　啓　三
印刷者　坂　本　喜　杏

発行所　株式会社　ミネルヴァ書房
607-8494　京都市山科区日ノ岡堤谷町１
電話代表　(075)581-5191
振替口座　01020-0-8076

　冨山房インターナショナル・新生製本

ISBN 978-4-623-09792-0
Printed in Japan